新線形代数

改訂版

Linear Algebra

大日本図書

まえがき

本シリーズの初版が刊行されてから，まもなく55年になる．この間には多数の著者が関わり，それぞれが教育実践で培った知恵や工夫を盛り込みながら執筆し，状況に即した改訂を重ねてきた．その結果，本シリーズは多くの高専・大学等で採用され，工学系や自然科学系の数学教育に微力ながらも貢献してきたものと思う．このことは，関係者にとって大きな励みであり，望外の喜びであった．しかし，前回の改訂から9年が経過して，教育においてインターネットが広く導入されようとしている時代の流れに応じて，将来を見すえた新たな教育方法に対応した見直しを要望する声が多く聞かれるようになったこと，中学校と高等学校の教育課程が改定実施されたことを主な理由として，このたび新たなシリーズを編纂することにした．また，今回の改訂は7回目にあたるが，これまでの編集の精神を尊重しつつも，本シリーズを使用されている多くの方々からのご助言をもとにして，新しい感覚の編集を心がけて臨むこととした．

本書は，ベクトル，行列，行列式，行列の応用の4章から成り，線形代数についての基礎的事項を一通り学ぶことを目的としている．工学や自然科学では，単独の数ではなく一度に複数の要素をもつ量がしばしば現れる．たとえば，力学における力では，単に大きさだけではなく，どの方向に働いているかも重要な要素である．また，連立1次方程式では，いくつかの数の組としての解を求めることが目的になる．さらに，数値計算や統計の分野では，もっと多量の数の組が現れる．このような量は，そのままでは取り扱いが難しいが，適切な体系を与えることでその構造が把握できるようになり，この体系に演算を定義することによって，単独の数にも似た計算が可能になるのである．現代における工学や自然科学の道具として，線形代数が微分積分と並んで欠くことのできない数学の分野とされる理由は，まさに上に述べた点にある．本書で学ぶ学生が，線形代数の基礎的手法に習熟するとともに，線形代数という興味深い学問を理解する一助になってほしいとも願っている．

本書を執筆するにあたり，以下の点に留意した．

(1) 学生にわかりやすく，授業で使いやすいものとする．

(2) 従来の内容を大きく削ることなく，配列・程度・分量に充分な配慮をする．

(3) 理解を助ける図を多用し，例題を豊富にする．

(4) 本文中の問は本文の内容と直結させ，その理解を助けるためのものを優先する．

(5) さらに，問題集で，反復により内容の理解をより確かなものにするために，本文中の問と近い基本問題を多く取り入れる．

(6) 各章の最初のページにその章に関連する興味深い図や表などを付け加える．

(7) 各章に関連する興味深い内容をコラムとして付け加える．

今回の編集にあたっては各著者が各章を分担執筆し，全員が原稿を通覧して検討会議を重ねた後，次に分担する章を交換して再び修正執筆することを繰り返した．この結果，全員が本書全体に筆を入れたことになり，1冊本としての統一のとれたものになったと思う．しかし，まだ不十分な点もあるかと思う．この点は今後ともご指摘をいただき，可能な限り訂正していきたい．終わりに，この本の編集にあたり，有益なご意見や，周到なご校閲をいただいた全国の多くの先生方に深く謝意を表したい．

令和 3 年 10 月

著者一同

目次

ギリシャ文字

大文字	小文字	読　み　方	大文字	小文字	読　み　方
A	α	アルファ	N	ν	ニュー
B	β	ベータ（ビータ）	Ξ	ξ	クシー（グザイ）
Γ	γ	ガンマ	O	o	オミクロン
Δ	δ	デルタ	Π	π	パイ
E	ε	イプシロン	P	ρ	ロー
Z	ζ	ジータ（ツェータ）	Σ	σ, ς	シグマ
H	η	イータ（エータ）	T	τ	タウ
Θ	θ, ϑ	シータ（テータ）	Υ	υ	ウプシロン
I	ι	イオタ	Φ	ϕ, φ	ファイ
K	κ	カッパ	X	χ	カイ
Λ	λ	ラムダ	Ψ	ψ	プサイ（プシー）
M	μ	ミュー	Ω	ω	オメガ

1章 ベクトル

三角形の内接円と傍接円

$$\overrightarrow{\mathrm{OI}} = \frac{a\overrightarrow{\mathrm{OA}} + b\overrightarrow{\mathrm{OB}} + c\overrightarrow{\mathrm{OC}}}{a+b+c}, \quad \overrightarrow{\mathrm{OE}_1} = \frac{-a\overrightarrow{\mathrm{OA}} + b\overrightarrow{\mathrm{OB}} + c\overrightarrow{\mathrm{OC}}}{-a+b+c}$$

$$\overrightarrow{\mathrm{OE}_2} = \frac{a\overrightarrow{\mathrm{OA}} - b\overrightarrow{\mathrm{OB}} + c\overrightarrow{\mathrm{OC}}}{a-b+c}, \quad \overrightarrow{\mathrm{OE}_3} = \frac{a\overrightarrow{\mathrm{OA}} + b\overrightarrow{\mathrm{OB}} - c\overrightarrow{\mathrm{OC}}}{a+b-c}$$

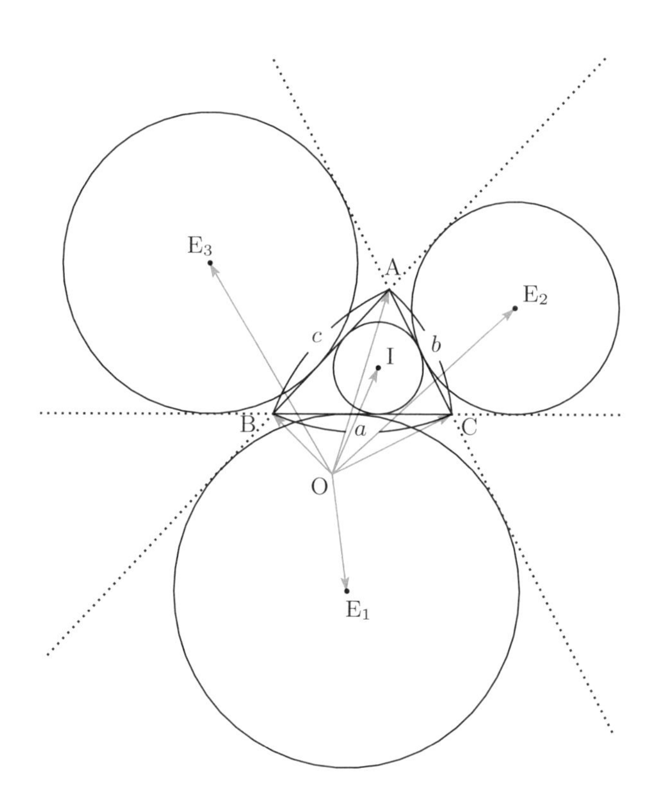

●この章を学ぶために

平面または空間の点 A, B について，和 A+B は定義されていない．点は位置だけを表すからである．一方，基準点 O から A または B に向かう線分を有向線分 $\overrightarrow{\mathrm{OA}}$ または $\overrightarrow{\mathrm{OB}}$ というが，これらについては，和 $\overrightarrow{\mathrm{OA}}+\overrightarrow{\mathrm{OB}}$ や実数 k との積 $k\overrightarrow{\mathrm{OA}}$ などが定義される．有向線分のように大きさだけでなく向きももつ量をベクトルといい，自然科学をはじめ様々な分野で広く用いられている．第 1 節では平面のベクトル，第 2 節では空間のベクトルを扱うが，第 1 節で学ぶベクトルの考え方は共通である．

1 平面のベクトル

1 1 ベクトル

長さ，温度，時間などは，それぞれ単位を定めておけば，1 つの実数で表すことができる．このような量を**スカラー**という．これに対して，力，速度，加速度などは，大きさだけでなく向きも示す必要がある．このように，大きさと向きをもつ量を**ベクトル**という．

ベクトルを 1 つの文字で表す場合には，矢印のついた文字 $\vec{a}$, $\vec{b}$, $\vec{c}$, $\cdots$ または太文字 $\boldsymbol{a}$, $\boldsymbol{b}$, $\boldsymbol{c}$, $\cdots$ を用いる．

図のように矢印をつけた線分を**有向線分**という．ベクトルは，有向線分で表すこともある．このとき，線分の長さでベクトルの大きさを表し，矢印の向きでベクトルの向きを示す．有向線分 PQ で表されるベクトルを記号 $\overrightarrow{\mathrm{PQ}}$ で表し，点 P を**始点**，点 Q を**終点**という．ベクトル $\vec{a}$ が有向線分 PQ で表されることを次のように書く．

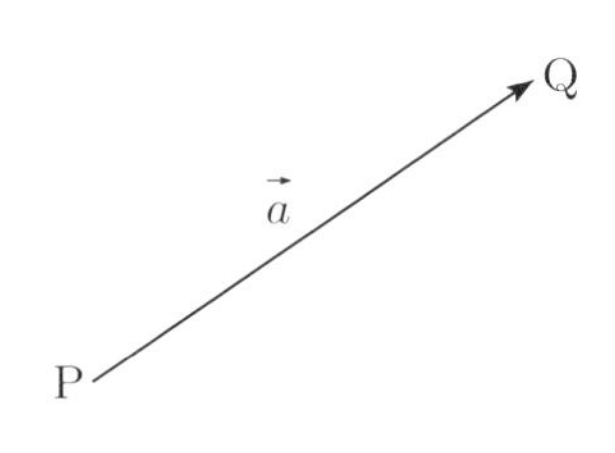

$$\vec{a}=\overrightarrow{\mathrm{PQ}}$$

2 つのベクトル $\vec{a}=\overrightarrow{\mathrm{PQ}}$, $\vec{b}=\overrightarrow{\mathrm{RS}}$ について，図のように $\overrightarrow{\mathrm{PQ}}$ と $\overrightarrow{\mathrm{RS}}$ が同じ大きさで向きが同じであるとき，$\vec{a}$ と $\vec{b}$ は**等しい**といい，次のように書き表す．

$\vec{a}=\vec{b}$　または　$\overrightarrow{\mathrm{PQ}}=\overrightarrow{\mathrm{RS}}$

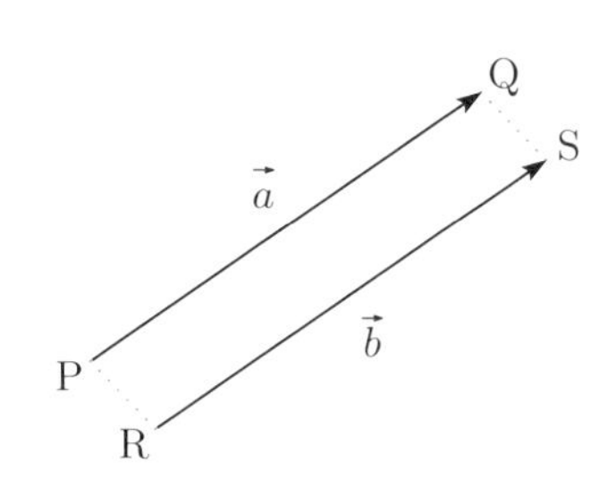

ベクトル $\vec{a}=\overrightarrow{\mathrm{PQ}}$ の大きさを $|\vec{a}|$ または $|\overrightarrow{\mathrm{PQ}}|$ で表す．

特に，大きさが 1 のベクトルを**単位ベクトル**という．

例 1　1 辺の長さが 1 のひし形を ABCD とするとき，$\overrightarrow{\mathrm{AD}}=\overrightarrow{\mathrm{BC}}$, $\overrightarrow{\mathrm{AB}}=\overrightarrow{\mathrm{DC}}$ であり，$\overrightarrow{\mathrm{AD}}$, $\overrightarrow{\mathrm{BC}}$, $\overrightarrow{\mathrm{AB}}$, $\overrightarrow{\mathrm{DC}}$ はいずれも単位ベクトルである．

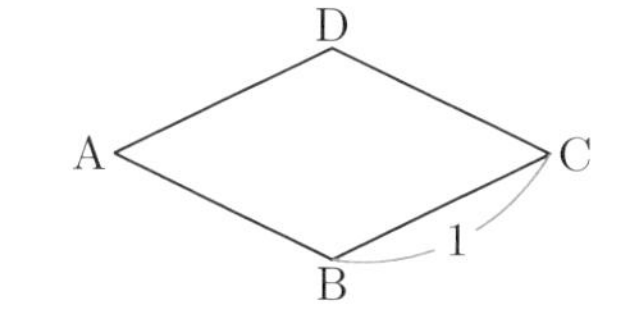

問・1　右の図は，1 辺の長さが $\sqrt{2}$ の正方形である．$\overrightarrow{\mathrm{AB}}$, $\overrightarrow{\mathrm{AD}}$, $\overrightarrow{\mathrm{DC}}$, $\overrightarrow{\mathrm{AC}}$, $\overrightarrow{\mathrm{OA}}$, $\overrightarrow{\mathrm{OB}}$ の大きさを求めよ．これらのうち，等しいベクトルはどれとどれか．また，単位ベクトルはどれか．

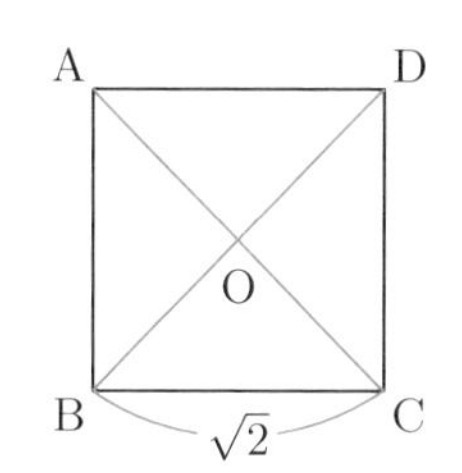

ベクトル $\vec{a}=\overrightarrow{\mathrm{PQ}}$ に対して，$\overrightarrow{\mathrm{QP}}$ は大きさは同じで，向きが反対である．このベクトルを $\vec{a}$ の**逆ベクトル**といい，$-\vec{a}$ で表す．その大きさについて，次の等式が成り立つ．

$$|-\vec{a}|=|\vec{a}|$$

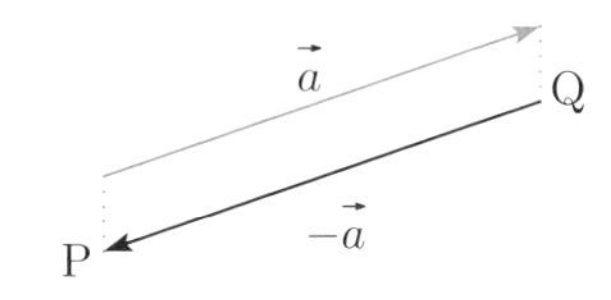

例 2　問 1 の図で，$\overrightarrow{\mathrm{CD}}=-\overrightarrow{\mathrm{AB}}$，$\overrightarrow{\mathrm{DA}}=-\overrightarrow{\mathrm{BC}}$ である．

問・2　問 1 の図のベクトル $\overrightarrow{\mathrm{OA}}$，$\overrightarrow{\mathrm{OB}}$，$\overrightarrow{\mathrm{OC}}$，$\overrightarrow{\mathrm{OD}}$ の中で，互いに逆ベクトルであるものをすべて挙げよ．

1 2　ベクトルの演算

2つのベクトル $\vec{a}, \vec{b}$ について

$$\vec{a} = \overrightarrow{\mathrm{AB}},\ \ \vec{b} = \overrightarrow{\mathrm{BC}}$$

となるように3点A, B, Cをとるとき, $\overrightarrow{\mathrm{AC}}$ の表すベクトルを, $\vec{a}$ と $\vec{b}$ の**和**といい

$$\vec{a} + \vec{b}$$

で表す. すなわち

$$\overrightarrow{\mathbf{AB}} + \overrightarrow{\mathbf{BC}} = \overrightarrow{\mathbf{AC}} \tag{1}$$

●**注**……ベクトルは, 大きさと向きだけで定まる量であり, 和 $\vec{a} + \vec{b}$ もベクトルとして一意に定まる.

ベクトル $\vec{a} = \overrightarrow{\mathrm{AB}}$ に対し, $-\vec{a} = \overrightarrow{\mathrm{BA}}$ だから, 和の定義より

$$\vec{a} + (-\vec{a}) = \overrightarrow{\mathrm{AB}} + \overrightarrow{\mathrm{BA}} = \overrightarrow{\mathrm{AA}}$$

となる. この始点と終点とが一致したベクトルを**零ベクトル**といい, $\vec{0}$ で表す. $\vec{0}$ は大きさが0で, 向きは考えない.

任意のベクトル $\vec{a}$ について, 次が成り立つ.

$$\vec{a} + \vec{0} = \vec{a},\ \ \vec{a} + (-\vec{a}) = \vec{0}$$

2つのベクトル $\vec{a}, \vec{b}$ について

$$\vec{a} = \overrightarrow{\mathrm{AB}},\ \ \vec{b} = \overrightarrow{\mathrm{AD}}$$

となるように3点A, B, Dをとる. この3点が同一直線上にないとき, 四角形ABCDが平行四辺形となるように点Cをとると

$$\overrightarrow{\mathrm{AB}} = \overrightarrow{\mathrm{DC}} = \vec{a},\quad \overrightarrow{\mathrm{AD}} = \overrightarrow{\mathrm{BC}} = \vec{b}$$

これから

$$\vec{a} + \vec{b} = \overrightarrow{\mathrm{AB}} + \overrightarrow{\mathrm{BC}} = \overrightarrow{\mathrm{AC}}$$

$$\vec{b} + \vec{a} = \overrightarrow{\mathrm{AD}} + \overrightarrow{\mathrm{DC}} = \overrightarrow{\mathrm{AC}}$$

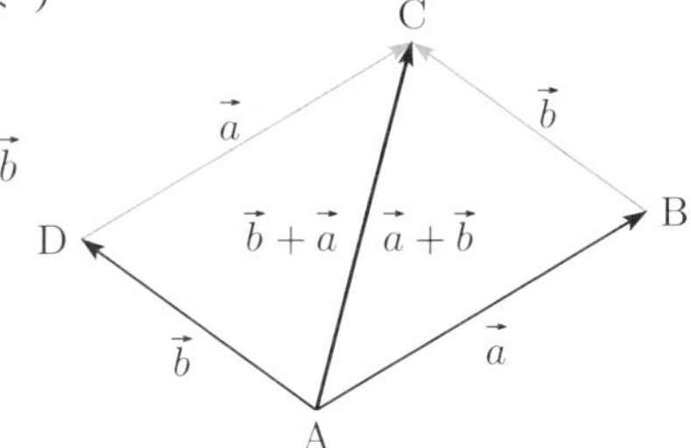

したがって，次の等式が得られる．

$$\vec{a}+\vec{b}=\vec{b}+\vec{a}$$

点 A, B, D が同一直線上にあるときも，この等式は成り立つ．

3 つのベクトル $\vec{a}$, $\vec{b}$, $\vec{c}$ に対して，$\vec{a}=\overrightarrow{\mathrm{AB}}$, $\vec{b}=\overrightarrow{\mathrm{BC}}$, $\vec{c}=\overrightarrow{\mathrm{CD}}$ となるように 4 点 A, B, C, D をとると

$$(\vec{a}+\vec{b})+\vec{c}=(\overrightarrow{\mathrm{AB}}+\overrightarrow{\mathrm{BC}})+\overrightarrow{\mathrm{CD}}$$
$$=\overrightarrow{\mathrm{AC}}+\overrightarrow{\mathrm{CD}}=\overrightarrow{\mathrm{AD}}$$
$$\vec{a}+(\vec{b}+\vec{c})=\overrightarrow{\mathrm{AB}}+(\overrightarrow{\mathrm{BC}}+\overrightarrow{\mathrm{CD}})$$
$$=\overrightarrow{\mathrm{AB}}+\overrightarrow{\mathrm{BD}}=\overrightarrow{\mathrm{AD}}$$

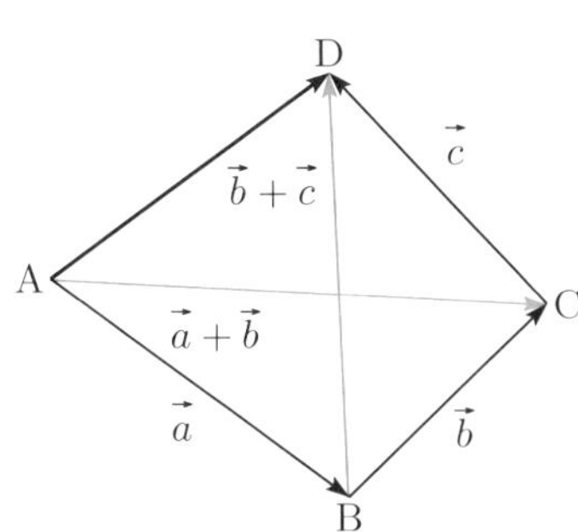

したがって，次の等式が得られる．

$$(\vec{a}+\vec{b})+\vec{c}=\vec{a}+(\vec{b}+\vec{c})$$

このベクトルを単に $\vec{a}+\vec{b}+\vec{c}$ と書き，$\vec{a}$, $\vec{b}$, $\vec{c}$ の**和**という．

●ベクトルの性質 (1)

(I)	$\vec{a}+\vec{b}=\vec{b}+\vec{a}$	(交換法則)
(II)	$(\vec{a}+\vec{b})+\vec{c}=\vec{a}+(\vec{b}+\vec{c})$	(結合法則)

ベクトル $\vec{a}$, $\vec{b}$ について

$$\vec{a}+\vec{x}=\vec{b}$$

を満たすベクトル $\vec{x}$ を $\vec{b}$ から $\vec{a}$ を引いた**差**といい，$\vec{b}-\vec{a}$ で表す．

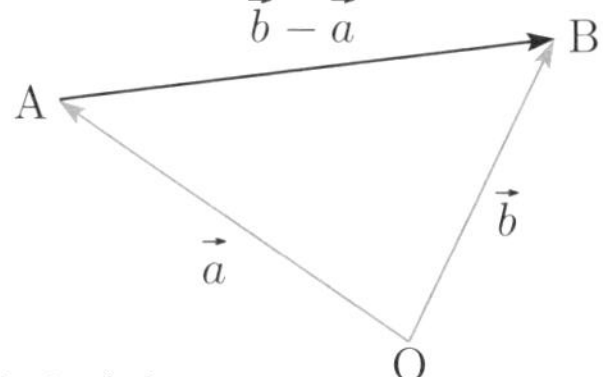

3 点 O, A, B をとり，$\overrightarrow{\mathrm{OA}}=\vec{a}$, $\overrightarrow{\mathrm{OB}}=\vec{b}$ とおくと

$$\overrightarrow{\mathrm{OA}}+\overrightarrow{\mathrm{AB}}=\overrightarrow{\mathrm{OB}}$$

これから，次の等式が得られる．

$$\boldsymbol{\overrightarrow{\mathrm{AB}}=\overrightarrow{\mathrm{OB}}-\overrightarrow{\mathrm{OA}}=\vec{b}-\vec{a}} \qquad (2)$$

例3　右の図で $\vec{a}+\vec{b}$, $\vec{a}-\vec{b}$ に等しいベクトルはそれぞれ $\vec{c}$, $\vec{d}$ である．

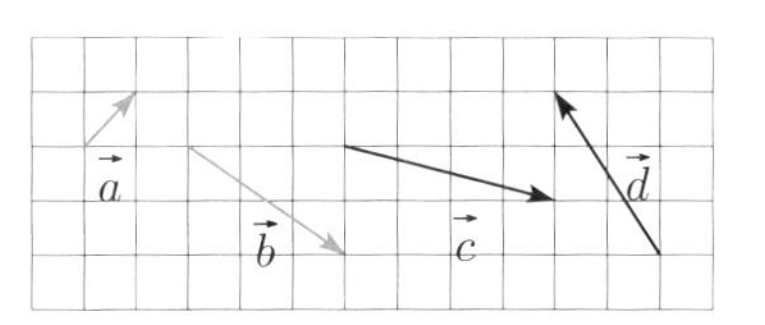

例題1　図において
$$\overrightarrow{OA}=\vec{a},\ \overrightarrow{OB}=\vec{b},\ \overrightarrow{BC}=\vec{c}$$
とおく．このとき，次の等式を証明せよ．
$$\vec{a}-(\vec{b}+\vec{c})=(\vec{a}-\vec{b})-\vec{c}$$

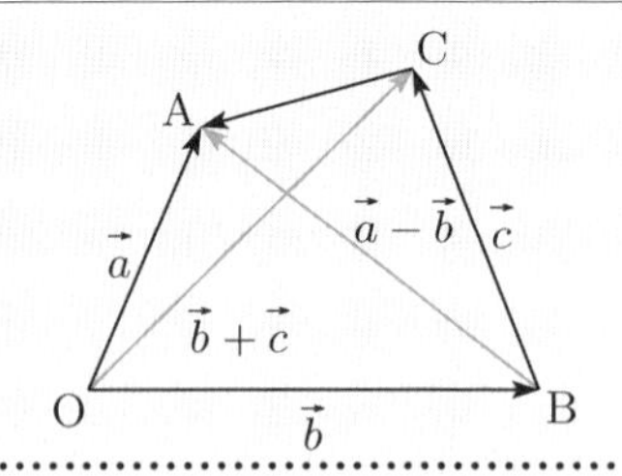

解　$\vec{b}+\vec{c}=\overrightarrow{OB}+\overrightarrow{BC}=\overrightarrow{OC}$ だから
$$\vec{a}-(\vec{b}+\vec{c})=\overrightarrow{OA}-\overrightarrow{OC}=\overrightarrow{CA}$$
また　$\vec{a}-\vec{b}=\overrightarrow{OA}-\overrightarrow{OB}=\overrightarrow{BA}$ だから
$$(\vec{a}-\vec{b})-\vec{c}=\overrightarrow{BA}-\overrightarrow{BC}=\overrightarrow{CA}$$
よって
$$\vec{a}-(\vec{b}+\vec{c})=(\vec{a}-\vec{b})-\vec{c}$$
//

●注…… $(\vec{a}-\vec{b})-\vec{c}=\vec{a}-\vec{b}-\vec{c}$ である．

問・3　次の図で，ベクトル $\overrightarrow{PQ}$ を $\vec{a}$, $\vec{b}$, $\vec{c}$, $\vec{d}$ で表せ．

(1)　(2)

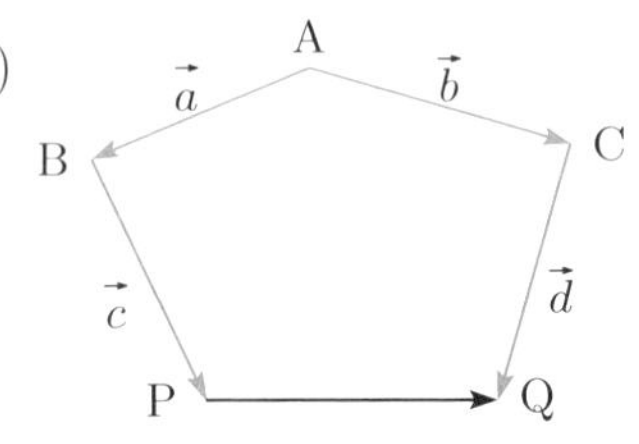

ベクトル $\vec{a}$ に対し，$\vec{a}+\vec{a}$ は大きさが $\vec{a}$ の大きさの2倍で，向きは $\vec{a}$ の向きと同じベクトルである．これを $2\vec{a}$ で表す．

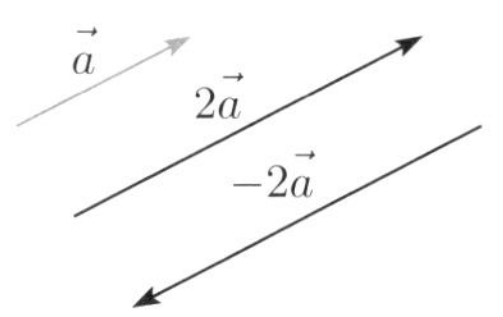

また，$(-\vec{a})+(-\vec{a})$ は大きさが $\vec{a}$ の大きさの2倍で，向きは $\vec{a}$ の向きと反対のベクトルである．これを $-2\vec{a}$ で表す．

一般に，実数 m とベクトル $\vec{a}$ について，$\vec{a}$ の m 倍 $m\vec{a}$ を次のように定める．

$m\vec{a}$ の大きさは $\vec{a}$ の大きさの $|m|$ 倍とする．また，$m\vec{a}$ の向きは $m>0$ のときは $\vec{a}$ の向きと同じとし，$m<0$ のときは $\vec{a}$ の向きと反対とする．

特に，$m=0$ または $\vec{a}=\vec{0}$ のときは，$m\vec{a}=\vec{0}$ とする．

定義から

$$1\vec{a}=\vec{a},\ (-1)\vec{a}=-\vec{a},\ (-m)\vec{a}=m(-\vec{a})=-m\vec{a}$$

さらに，次の性質が成り立つ．

●ベクトルの性質 (2)

m, n が実数のとき

(III)　$m(n\vec{a})=(mn)\vec{a}$

(IV)　$(m+n)\vec{a}=m\vec{a}+n\vec{a}$

(V)　$m(\vec{a}+\vec{b})=m\vec{a}+m\vec{b}$

(VI)　$|m\vec{a}|=|m|\,|\vec{a}|$

証明　(III)，(IV)，(VI)は，定義から明らかである．

(V)　$\vec{a}=\overrightarrow{AB}$, $\vec{b}=\overrightarrow{BC}$ であるように 3 点 A, B, C をとる．

$m>1$ で，この 3 点が同一直線上にない場合について証明する．

線分 AB の延長上に点 D をとって

$$\overrightarrow{AD}=m\overrightarrow{AB}$$

となるようにする．点 D を通り，直線 BC に平行な直線を引き，直線 AC との交点を E とすると，△ABC と △ADE は相似だから，次の等式が成り立つ．

$$\overrightarrow{DE}=m\overrightarrow{BC},\ \overrightarrow{AE}=m\overrightarrow{AC}$$

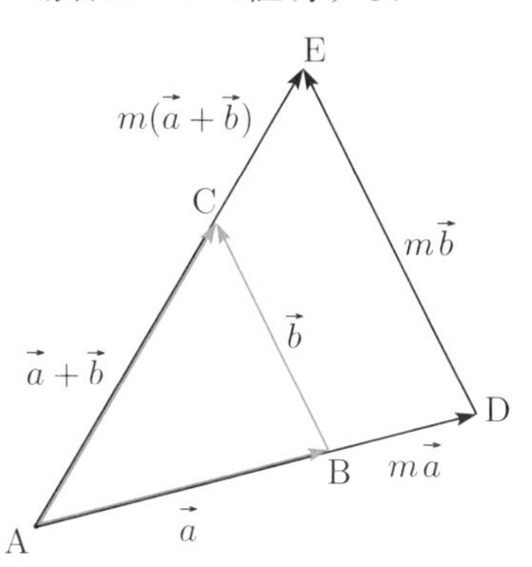

よって，$\overrightarrow{AE}=\overrightarrow{AD}+\overrightarrow{DE}$ から $m\overrightarrow{AC}=m\overrightarrow{AB}+m\overrightarrow{BC}$ となり

$$m(\vec{a}+\vec{b})=m\vec{a}+m\vec{b}$$

これ以外の場合も，同様にして証明することができる．　//

問・4 次の式を簡単にせよ．

(1) $3(\vec{a}+2\vec{b})-2(\vec{a}-\vec{b})$　　(2) $3\vec{a}+(\vec{b}-2\vec{c})-2(\vec{a}-\vec{b}+\vec{c})$

問・5 $4\vec{a}-(6\vec{b}+2\vec{x})=3\vec{x}-\vec{a}+4\vec{b}$ のとき，$\vec{x}$ を $\vec{a}$, $\vec{b}$ で表せ．

$\vec{a}\neq\vec{0}$ のとき

$$\vec{e}=\frac{1}{|\vec{a}|}\vec{a}$$

とおくと，$|\vec{e}|=\dfrac{1}{|\vec{a}|}|\vec{a}|=1$ であり，

$\vec{e}$ は $\vec{a}$ と同じ向きの単位ベクトルである．

$-\dfrac{1}{|\vec{a}|}\vec{a}=-\vec{e}$　　$\vec{a}$　　$\dfrac{1}{|\vec{a}|}\vec{a}=\vec{e}$

●注…… 0 でない実数 k について，$\dfrac{1}{k}\vec{a}$ を $\dfrac{\vec{a}}{k}$ と表すこともある．

問・6 $|\vec{a}|=2$ のとき，$\vec{a}$ と同じ向きの単位ベクトルを求めよ．

1 3 ベクトルの成分

座標平面の原点を O とする．x 軸，y 軸上にそれぞれ点 E(1, 0), F(0, 1) をとり

$$\vec{i}=\overrightarrow{OE},\ \vec{j}=\overrightarrow{OF}$$

とおくと，$\vec{i}$, $\vec{j}$ はいずれも単位ベクトルである．$\vec{i}$ を **x 軸方向の基本ベクトル**，$\vec{j}$ を **y 軸方向の基本ベクトル**という．

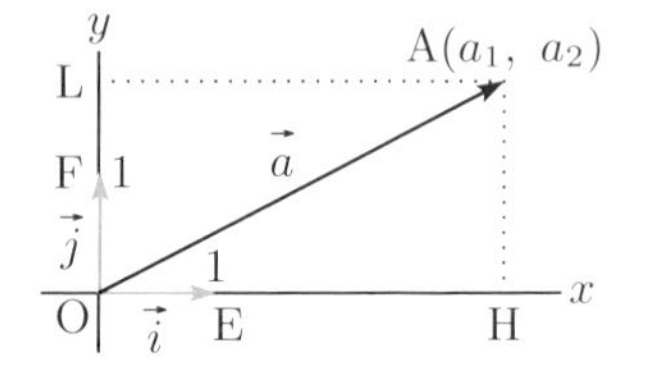

平面上のベクトル $\vec{a}$ に対して，$\overrightarrow{OA}=\vec{a}$ となるように点 A(a_1, a_2) をとり，点 A から x 軸，y 軸にそれぞれ垂線 AH，AL を引くと

$$\vec{a}=\overrightarrow{OA}=\overrightarrow{OH}+\overrightarrow{OL}$$

ここで $\overrightarrow{OH}=a_1\vec{i}$，$\overrightarrow{OL}=a_2\vec{j}$ だから，次のように表すことができる．

$$\boldsymbol{\vec{a}=a_1\vec{i}+a_2\vec{j}} \qquad (1)$$

逆に，実数の組 $(a_1,\ a_2)$ を与えると，(1) から $\vec{a}$ が定まる．(1) を

$$\boldsymbol{\vec{a} = (a_1,\ a_2)} \tag{2}$$

と書き，ベクトルの**成分表示**という．また，$a_1,\ a_2$ をそれぞれ $\vec{a}$ の ***x* 成分**，***y* 成分**という．

上のことより，次の関係が成り立つ．

$\mathrm{A}(a_1,\ a_2)$ のとき　$\overrightarrow{\mathrm{OA}} = (a_1,\ a_2)$

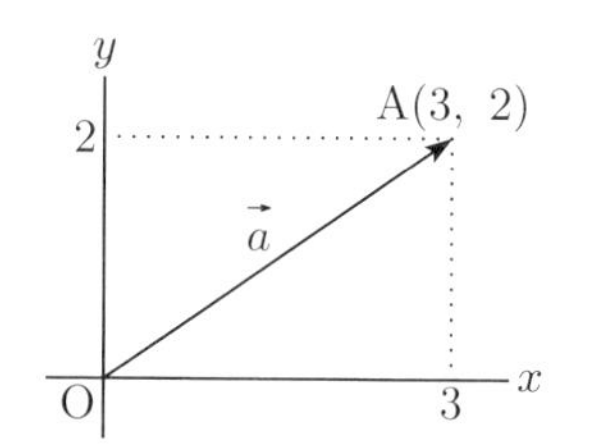

$\vec{i} = (1,\ 0),\ \vec{j} = (0,\ 1),\ \vec{0} = (0,\ 0)$

また，A(3, 2) のとき，$\overrightarrow{\mathrm{OA}} = (3,\ 2)$

$\vec{a} = \overrightarrow{\mathrm{OA}} = (a_1,\ a_2)$，$\vec{b} = \overrightarrow{\mathrm{OB}} = (b_1,\ b_2)$ とするとき，$\vec{a} = \vec{b}$ が成り立つのは，点 A と点 B が一致する場合に限る．すなわち

$$\vec{a} = \vec{b} \iff a_1 = b_1,\ a_2 = b_2 \tag{3}$$

また，$|\vec{a}| = \mathrm{OA}$ だから，$\vec{a}$ の大きさは次のようになる．

$$|\vec{a}| = \sqrt{a_1{}^2 + a_2{}^2} \tag{4}$$

ベクトルの和は，次のように計算される．

$$\vec{a} + \vec{b} = (a_1\vec{i} + a_2\vec{j}) + (b_1\vec{i} + b_2\vec{j})$$
$$= (a_1 + b_1)\vec{i} + (a_2 + b_2)\vec{j}$$
$$= (a_1 + b_1,\ a_2 + b_2)$$

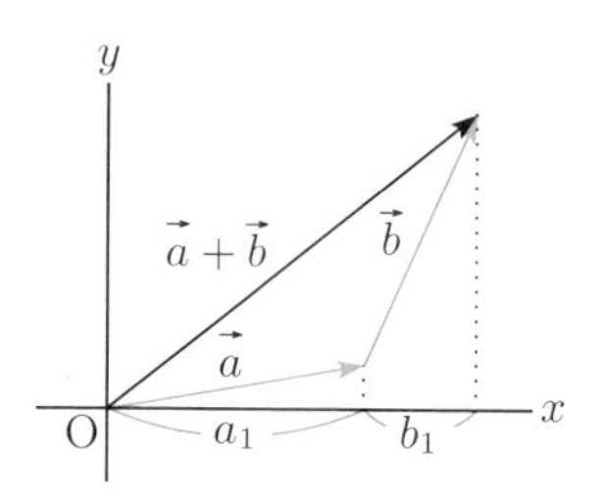

差も同様に

$$\vec{a} - \vec{b} = (a_1 - b_1,\ a_2 - b_2)$$

実数倍は

$$m\vec{a} = m(a_1\vec{i} + a_2\vec{j}) = ma_1\vec{i} + ma_2\vec{j}$$
$$= (ma_1,\ ma_2)$$

以上をまとめて，次の公式が得られる．

●ベクトルの成分による計算

$\vec{a}=(a_1,\ a_2),\ \vec{b}=(b_1,\ b_2)$ のとき

(Ⅰ)　$\vec{a}=\vec{b} \iff a_1=b_1,\ a_2=b_2$

(Ⅱ)　$|\vec{a}|=\sqrt{{a_1}^2+{a_2}^2}$

(Ⅲ)　$\vec{a}\pm\vec{b}=(a_1\pm b_1,\ a_2\pm b_2)$　　(複号同順)

(Ⅳ)　$m\vec{a}=(ma_1,\ ma_2)$　　(m は実数)

例 5　$\vec{a}=(3,\ -2),\ \vec{b}=(1,\ 4)$ のとき

$$2\vec{a}-\vec{b}=2(3,\ -2)-(1,\ 4)=(6,\ -4)-(1,\ 4)=(5,\ -8)$$

$$|2\vec{a}-\vec{b}|=\sqrt{5^2+(-8)^2}=\sqrt{89}$$

問・7　$\vec{c}=(2,\ -1),\ \vec{d}=(-1,\ 1)$ のとき，ベクトル $\vec{c}+2\vec{d}$ および $2\vec{c}-3\vec{d}$ の成分表示と大きさを求めよ．

$\mathrm{A}(a_1,\ a_2),\ \mathrm{B}(b_1,\ b_2)$ のとき，等式

$$\overrightarrow{\mathbf{AB}}=\overrightarrow{\mathbf{OB}}-\overrightarrow{\mathbf{OA}}=(\boldsymbol{b_1-a_1},\ \boldsymbol{b_2-a_2})$$

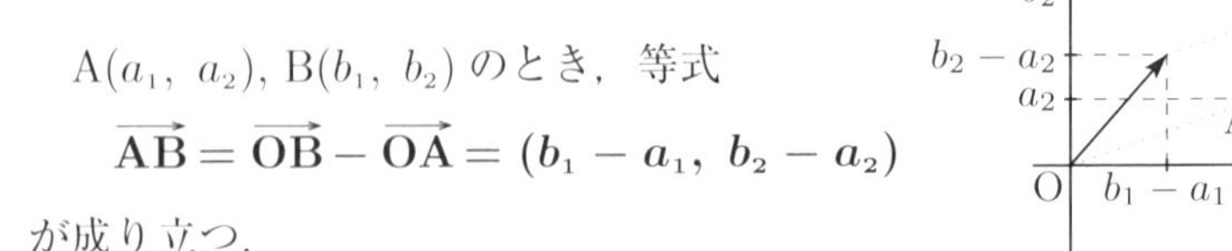

が成り立つ．

問・8　A(3, 0)，B(4, 3)，C(−1, 1) のとき，次の値を求めよ．

(1)　$|\overrightarrow{\mathrm{AB}}|$　　(2)　$|\overrightarrow{\mathrm{BC}}|$　　(3)　$|\overrightarrow{\mathrm{CA}}|$

例題 2　A(2, −1)，B(5, 3) のとき，$\overrightarrow{\mathrm{AB}}$ と同じ向きの単位ベクトルを求めよ．

解　$\overrightarrow{\mathrm{AB}}=(5-2,\ 3-(-1))=(3,\ 4),\ |\overrightarrow{\mathrm{AB}}|=5$ より

$$\frac{1}{|\overrightarrow{\mathrm{AB}}|}\overrightarrow{\mathrm{AB}}=\frac{1}{5}(3,\ 4)=\left(\frac{3}{5},\ \frac{4}{5}\right)$$　//

問・9　A(−1, 3)，B(1, 2) のとき，$\overrightarrow{\mathrm{AB}}$ と同じ向きの単位ベクトルを求めよ．

1 4 ベクトルの内積

零ベクトルでない 2 つのベクトル $\vec{a}, \vec{b}$ について，$\vec{a}=\overrightarrow{\mathrm{OA}}, \vec{b}=\overrightarrow{\mathrm{OB}}$ となるように 3 点 O, A, B をとる．点 B から直線 OA に引いた垂線と直線 OA との交点を H とするとき，ベクトル $\vec{h}=\overrightarrow{\mathrm{OH}}$ を $\vec{b}$ の $\vec{a}$ 上への**正射影**という．また，∠AOB を $\vec{a}$ と $\vec{b}$ のなす角という．この角を θ とおくとき，$|\vec{a}|$ と $|\vec{b}|\cos\theta$ の積を $\vec{a}$ と $\vec{b}$ の**内積**といい，$\vec{a}\cdot\vec{b}$ で表す．

B, $\vec{b}$, O, θ, $\vec{h}$, H, $\vec{a}$, A

$$\vec{a}\cdot\vec{b}=|\vec{a}||\vec{b}|\cos\theta \qquad (1)$$

$\vec{a}$ と $\vec{b}$ のなす角 θ は通常 $0 \leqq \theta \leqq \pi$ ($0^\circ \leqq \theta \leqq 180^\circ$) にとる．

θ が鋭角のときは，$|\vec{h}|=|\vec{b}|\cos\theta$ となるから，内積 $\vec{a}\cdot\vec{b}$ は $\vec{a}$ の大きさ $|\vec{a}|$ と正射影の大きさ $|\vec{h}|$ の積である．特に，$\vec{a}$ が単位ベクトルならば

$$|\vec{a}\cdot\vec{b}|=|\vec{h}| \qquad (2)$$

である．また，θ が鈍角のときは，$\vec{a}\cdot\vec{b}<0$ となるが，(2) は成り立つ．

$\vec{a}=\vec{0}$ または $\vec{b}=\vec{0}$ のときは，θ は定まらないが，$\vec{a}\cdot\vec{b}=0$ と定める．

●注……角 θ は，60 分法で表しても弧度法で表してもよい．

例 6 $\vec{a}$ と $\vec{b}$ のなす角が $\dfrac{\pi}{3}$ で，$|\vec{a}|=3, |\vec{b}|=2$ のとき

$$\vec{a}\cdot\vec{b}=3\times2\times\cos\frac{\pi}{3}=3\times2\times\frac{1}{2}=3$$

問・10 次の条件を満たすベクトル $\vec{a}$ と $\vec{b}$ の内積を求めよ．ただし，θ は $\vec{a}, \vec{b}$ のなす角である．

(1) $|\vec{a}|=2,\ |\vec{b}|=5,\ \theta=\dfrac{\pi}{4}$　　(2) $|\vec{a}|=3,\ |\vec{b}|=2,\ \theta=150^\circ$

問・11 基本ベクトル $\vec{i}, \vec{j}$ について，次の内積を求めよ．

(1) $\vec{i}\cdot\vec{i}$　(2) $\vec{j}\cdot\vec{j}$　(3) $\vec{i}\cdot\vec{j}$　(4) $\vec{j}\cdot\vec{i}$

問・12 図の △ABC において，次の内積を求めよ．

(1) $\overrightarrow{\mathrm{AB}}\cdot\overrightarrow{\mathrm{AC}}$　(2) $\overrightarrow{\mathrm{BA}}\cdot\overrightarrow{\mathrm{BC}}$

(3) $\overrightarrow{\mathrm{BC}}\cdot\overrightarrow{\mathrm{AC}}$　(4) $\overrightarrow{\mathrm{BC}}\cdot\overrightarrow{\mathrm{CA}}$

C, 60°, 1, A, 30°, B

$\vec{a}=(a_1,\ a_2)$, $\vec{b}=(b_1,\ b_2)$ のとき，内積 $\vec{a}\cdot\vec{b}$ を計算する公式を導こう．

$\vec{a}\neq\vec{0}$, $\vec{b}\neq\vec{0}$ とし，$\vec{a}$ と $\vec{b}$ のなす角を θ とおく．$\mathrm{A}(a_1,\ a_2)$，$\mathrm{B}(b_1,\ b_2)$ とすると

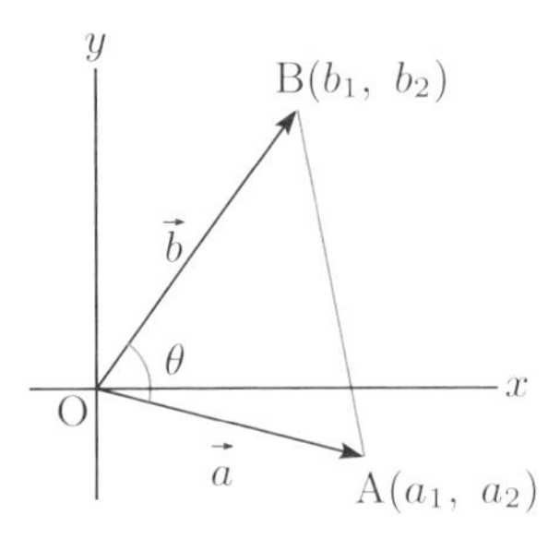

$$\vec{a}=\overrightarrow{\mathrm{OA}},\ \vec{b}=\overrightarrow{\mathrm{OB}}$$

△AOB における余弦定理から

$$\mathrm{AB}^2=\mathrm{OA}^2+\mathrm{OB}^2-2\times\mathrm{OA}\times\mathrm{OB}\cos\theta$$

この式は，$\theta=0$ または π のときも成り立つ．

ここで

$$\mathrm{AB}^2=(b_1-a_1)^2+(b_2-a_2)^2$$

$$\mathrm{OA}^2={a_1}^2+{a_2}^2,\ \ \mathrm{OB}^2={b_1}^2+{b_2}^2$$

$$\mathrm{OA}\times\mathrm{OB}\cos\theta=|\vec{a}||\vec{b}|\cos\theta=\vec{a}\cdot\vec{b}$$

したがって

$$(b_1-a_1)^2+(b_2-a_2)^2={a_1}^2+{a_2}^2+{b_1}^2+{b_2}^2-2\vec{a}\cdot\vec{b}$$

展開して整理すると

$$\vec{a}\cdot\vec{b}=a_1b_1+a_2b_2 \qquad (3)$$

$\vec{a}=\vec{0}$ または $\vec{b}=\vec{0}$ のときも (3) が成り立ち，次の公式が得られる．

●内積の成分による計算

$\vec{a}=(a_1,\ a_2)$, $\vec{b}=(b_1,\ b_2)$ のとき　$\vec{a}\cdot\vec{b}=a_1b_1+a_2b_2$

例 7　$\vec{a}=(2,\ 3)$，$\vec{b}=(4,\ -1)$ のとき　$\vec{a}\cdot\vec{b}=2\times4+3\times(-1)=5$

問・13　次の 2 つのベクトルの内積を求めよ．

(1)　$\vec{a}=(2,\ -5)$，$\vec{b}=(4,\ 1)$　　　(2)　$\vec{a}=(\sqrt{2},\ 1)$，$\vec{b}=(\sqrt{2},\ -2)$

ベクトル $\vec{a}=(a_1,\ a_2)$，$\vec{b}=(b_1,\ b_2)$ が零ベクトルでないとき，$\vec{a}$ と $\vec{b}$ のなす角を θ とすると，(1)，(3) から次の式が得られる．

$$\boldsymbol{\cos\theta=\frac{\vec{a}\cdot\vec{b}}{|\vec{a}||\vec{b}|}=\frac{a_1b_1+a_2b_2}{\sqrt{{a_1}^2+{a_2}^2}\sqrt{{b_1}^2+{b_2}^2}}} \qquad (4)$$

例 8 $\vec{a}=(\sqrt{6},\ \sqrt{2}),\ \vec{b}=(1,\ \sqrt{3})$ のとき

$$|\vec{a}|=\sqrt{(\sqrt{6})^2+(\sqrt{2})^2}=2\sqrt{2},\quad |\vec{b}|=\sqrt{1^2+(\sqrt{3})^2}=2$$

$$\vec{a}\cdot\vec{b}=\sqrt{6}\times 1+\sqrt{2}\times\sqrt{3}=2\sqrt{6}$$

$$\cos\theta=\frac{2\sqrt{6}}{2\sqrt{2}\times 2}=\frac{\sqrt{3}}{2}\quad (0\leqq\theta\leqq\pi)\qquad \therefore\quad \theta=\frac{\pi}{6}$$

問・14 次の 2 つのベクトルのなす角 θ を求めよ.

(1) $\vec{a}=(1,\ 2),\ \vec{b}=(3,\ 1)$　　(2) $\vec{a}=(\sqrt{3},\ -2),\ \vec{b}=(\sqrt{3},\ 5)$

内積について，次の性質が成り立つ.

●内積の性質

(I) $\vec{a}\cdot\vec{a}=|\vec{a}|^2$

(II) $\vec{a}\cdot\vec{b}=\vec{b}\cdot\vec{a}$

(III) $(m\vec{a})\cdot\vec{b}=\vec{a}\cdot(m\vec{b})=m(\vec{a}\cdot\vec{b})$　　(m は実数)

(IV) $\vec{a}\cdot(\vec{b}\pm\vec{c})=\vec{a}\cdot\vec{b}\pm\vec{a}\cdot\vec{c}$　　(複号同順)

証明 (I)と(II)は，定義より明らかである.

$\vec{a}=(a_1,\ a_2),\ \vec{b}=(b_1,\ b_2),\ \vec{c}=(c_1,\ c_2)$ とおく.

(III) $m\vec{a}=(ma_1,\ ma_2)$ より

$$\begin{aligned}(m\vec{a})\cdot\vec{b}&=(ma_1)b_1+(ma_2)b_2\\&=m(a_1b_1+a_2b_2)=m(\vec{a}\cdot\vec{b})\end{aligned}$$

同様にして

$$\vec{a}\cdot(m\vec{b})=m(\vec{a}\cdot\vec{b})$$

(IV) $\vec{b}\pm\vec{c}=(b_1\pm c_1,\ b_2\pm c_2)$ より

$$\begin{aligned}\vec{a}\cdot(\vec{b}\pm\vec{c})&=a_1(b_1\pm c_1)+a_2(b_2\pm c_2)\\&=(a_1b_1+a_2b_2)\pm(a_1c_1+a_2c_2)\\&=\vec{a}\cdot\vec{b}\pm\vec{a}\cdot\vec{c}\qquad(\text{複号同順})\end{aligned}$$

//

例題 3　次の等式が成り立つことを証明せよ．

$$|\vec{a}+\vec{b}|^2=|\vec{a}|^2+2\vec{a}\cdot\vec{b}+|\vec{b}|^2$$

解　$|\vec{a}+\vec{b}|^2 \overset{(\mathrm{I})}{=\!=} (\vec{a}+\vec{b})\cdot(\vec{a}+\vec{b}) \overset{(\mathrm{IV})}{=\!=} \vec{a}\cdot\vec{a}+\vec{b}\cdot\vec{a}+\vec{a}\cdot\vec{b}+\vec{b}\cdot\vec{b}$

$\overset{(\mathrm{I})(\mathrm{II})}{=\!=} |\vec{a}|^2+2\vec{a}\cdot\vec{b}+|\vec{b}|^2$　//

問・15　$|\vec{a}|=\sqrt{2}$, $|\vec{b}|=2$, $\vec{a}\cdot\vec{b}=-1$ のとき，次の値を求めよ．

(1)　$(\vec{a}+2\vec{b})\cdot(\vec{a}-3\vec{b})$　　(2)　$|\vec{a}-2\vec{b}|^2$

問・16　平行四辺形 ABCD において，AB$=4$, AD$=3$, $\angle$BAD$=60^\circ$ のとき，対角線 AC の長さを求めよ．

1　5　ベクトルの平行と垂直

▶ ベクトルの平行条件

零ベクトルでない2つのベクトル $\vec{a}$, $\vec{b}$ の向きが同じか反対であるとき，$\vec{a}$ と $\vec{b}$ は**平行**であるといい，$\vec{a} /\!/ \vec{b}$ で表す．

$\vec{a}\neq\vec{0}$, $\vec{b}\neq\vec{0}$ のとき，ベクトルの実数倍の定義から次の関係が成り立つ．

●ベクトルの平行条件

$\vec{a} /\!/ \vec{b} \iff \vec{b}=m\vec{a}$ を満たす実数 m が存在する

例題 4　$\vec{a}=(1,\ -1)$, $\vec{b}=(k-1,\ 2k)$ が平行となるように実数 k の値を定めよ．

解　ベクトルの平行条件より，$\vec{b}=m\vec{a}$ となる実数 m が存在する．

$(k-1,\ 2k)=m(1,\ -1)$　これから　$k-1=m,\ 2k=-m$

この連立方程式を解いて　　$m=-\dfrac{2}{3},\ k=\dfrac{1}{3}$　//

問・17 $\vec{a}=(1,\ k),\ \vec{b}=(-2,\ k+6)$ が平行となるように実数 k の値を定めよ.

問・18 $\mathrm{A}(1,\ 2),\ \mathrm{B}(3,\ 5),\ \mathrm{C}(-1,\ k),\ \mathrm{D}(k,\ 4)$ のとき，$\overrightarrow{\mathrm{AB}}$ と $\overrightarrow{\mathrm{CD}}$ が平行となるように実数 k の値を定めよ.

▶ ベクトルの垂直条件

零ベクトルでない2つのベクトル $\vec{a},\ \vec{b}$ のなす角が $\dfrac{\pi}{2}\ (90^\circ)$ であるとき，$\vec{a}$ と $\vec{b}$ は**垂直である**，または**直交する**といい，$\vec{a}\perp\vec{b}$ と表す.

$\cos\dfrac{\pi}{2}=0$ より，内積の定義から次の関係が成り立つ.

●ベクトルの垂直条件

$\vec{a}\neq\vec{0},\ \vec{b}\neq\vec{0}$ のとき　$\vec{a}\perp\vec{b} \iff \vec{a}\cdot\vec{b}=0$

例題 5 $|\vec{a}|=2,\ |\vec{b}|=\sqrt{5},\ \vec{a}\cdot\vec{b}=3$ を満たすベクトル $\vec{a},\ \vec{b}$ について，$k\vec{a}+\vec{b}$ と $\vec{a}-\vec{b}$ が垂直となるように実数 k の値を定めよ.

解 ベクトルの垂直条件より　$(k\vec{a}+\vec{b})\cdot(\vec{a}-\vec{b})=0$

左辺を変形すると　$k|\vec{a}|^2+(1-k)\vec{a}\cdot\vec{b}-|\vec{b}|^2=0$

与えられた数値を代入して

$$4k+3(1-k)-5=0 \qquad \therefore\quad k=2$$ //

問・19 $|\vec{a}|=\sqrt{3},\ |\vec{b}|=\sqrt{6},\ \vec{a}\cdot\vec{b}=-2$ のとき，$\vec{a}-2\vec{b}$ と $2\vec{a}+\vec{b}$ は垂直であることを証明せよ.

問・20 ベクトル $\vec{a}=(-2,\ 3)$ と $\vec{b}=(3+k,\ 4k)$ が垂直となるように実数 k の値を定めよ.

問・21 $\mathrm{O}(0,\ 0),\ \mathrm{A}(1,\ 5),\ \mathrm{P}(3,\ k)$ のとき，$\overrightarrow{\mathrm{OP}}\perp\overrightarrow{\mathrm{AP}}$ となるように実数 k の値を定めよ.

1-6 ベクトルの図形への応用

位置ベクトルと内分点の公式

Oを原点とする座標平面上の点Aに対して，ベクトル$\overrightarrow{\mathrm{OA}}$を点Aの**位置ベクトル**という．

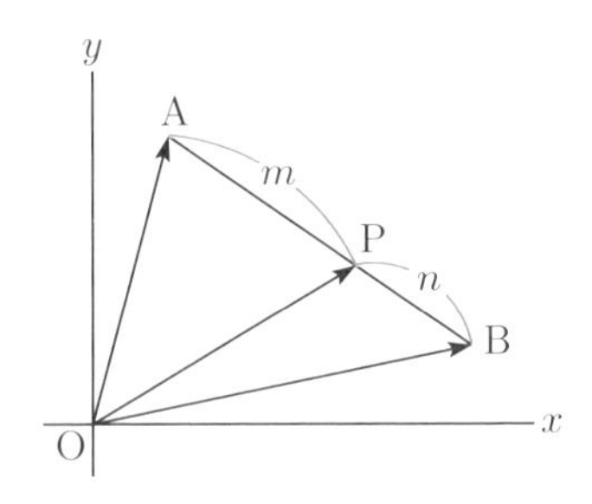

m, nを正の数とするとき，線分ABを$m:n$の比に内分する点Pの位置ベクトル$\overrightarrow{\mathrm{OP}}$は

$$\overrightarrow{\mathrm{AP}}=\frac{m}{m+n}\overrightarrow{\mathrm{AB}}=\frac{m}{m+n}(\overrightarrow{\mathrm{OB}}-\overrightarrow{\mathrm{OA}})$$

より，次のように表される．

$$\overrightarrow{\mathrm{OP}}=\overrightarrow{\mathrm{OA}}+\overrightarrow{\mathrm{AP}}=\overrightarrow{\mathrm{OA}}+\frac{m}{m+n}(\overrightarrow{\mathrm{OB}}-\overrightarrow{\mathrm{OA}})=\frac{n\overrightarrow{\mathrm{OA}}+m\overrightarrow{\mathrm{OB}}}{m+n}$$

●内分点のベクトル表示

2点A, Bに対し，線分ABを$m:n$の比に内分する点Pの位置ベクトル$\overrightarrow{\mathrm{OP}}$は

$$\overrightarrow{\mathrm{OP}}=\frac{n\overrightarrow{\mathrm{OA}}+m\overrightarrow{\mathrm{OB}}}{m+n}$$

特に，点Pが線分ABの中点のとき

$$\overrightarrow{\mathrm{OP}}=\frac{\overrightarrow{\mathrm{OA}}+\overrightarrow{\mathrm{OB}}}{2}$$

●**注**……点A, B, Pの座標をそれぞれ$(x_1,\ y_1)$, $(x_2,\ y_2)$, $(x,\ y)$とする．

$\overrightarrow{\mathrm{OA}}=(x_1,\ y_1)$, $\overrightarrow{\mathrm{OB}}=(x_2,\ y_2)$, $\overrightarrow{\mathrm{OP}}=(x,\ y)$だから

$$(x,\ y)=\frac{n(x_1,\ y_1)+m(x_2,\ y_2)}{m+n}=\left(\frac{nx_1+mx_2}{m+n},\ \frac{ny_1+my_2}{m+n}\right)$$

問・22 2点A(2, 1), B(−3, 4)に対し，線分ABを2 : 3の比に内分する点をP，線分ABを3 : 1の比に内分する点をQとする．P, Qの位置ベクトル$\overrightarrow{\mathrm{OP}}$, $\overrightarrow{\mathrm{OQ}}$を$\overrightarrow{\mathrm{OA}}$, $\overrightarrow{\mathrm{OB}}$を用いて表し，点P, Qの座標を求めよ．

問・23　△ABC の重心を G とするとき

$$\overrightarrow{\mathrm{OG}}=\frac{\overrightarrow{\mathrm{OA}}+\overrightarrow{\mathrm{OB}}+\overrightarrow{\mathrm{OC}}}{3}$$

であることを証明せよ.

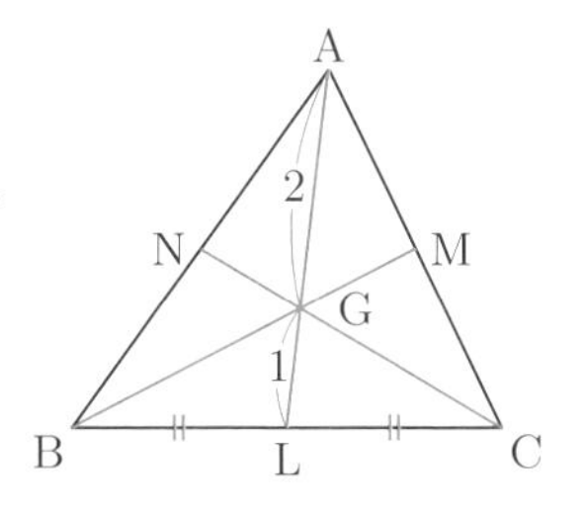

平行条件・垂直条件の応用

線分 AB と CD が平行であることを証明するには，$\overrightarrow{\mathrm{AB}}=m\overrightarrow{\mathrm{CD}}$ と表されることを示せばよい．また，垂直であることは，$\overrightarrow{\mathrm{AB}}\cdot\overrightarrow{\mathrm{CD}}=0$ により証明される.

例題 6　線分 AC と線分 BD が点 O で交わり，OC=2OA，OD=2OB であるとする．このとき，$\overrightarrow{\mathrm{CD}} \parallel \overrightarrow{\mathrm{BA}}$ であることを証明せよ.

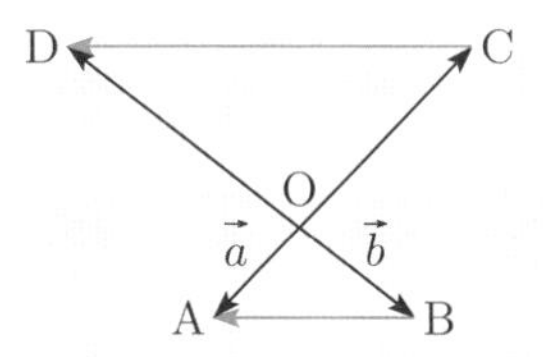

解　$\overrightarrow{\mathrm{OA}}=\vec{a},\ \overrightarrow{\mathrm{OB}}=\vec{b}$ とおくと　$\overrightarrow{\mathrm{BA}}=\overrightarrow{\mathrm{OA}}-\overrightarrow{\mathrm{OB}}=\vec{a}-\vec{b}$

また

$$\overrightarrow{\mathrm{OC}}=-2\overrightarrow{\mathrm{OA}}=-2\vec{a},\ \overrightarrow{\mathrm{OD}}=-2\overrightarrow{\mathrm{OB}}=-2\vec{b}$$

したがって

$$\overrightarrow{\mathrm{CD}}=\overrightarrow{\mathrm{OD}}-\overrightarrow{\mathrm{OC}}=-2\vec{b}-(-2\vec{a})=2(\vec{a}-\vec{b})=2\overrightarrow{\mathrm{BA}}$$

よって　$\overrightarrow{\mathrm{CD}} \parallel \overrightarrow{\mathrm{BA}}$　//

問・24　$\overrightarrow{\mathrm{OB}}=\frac{3}{2}\overrightarrow{\mathrm{OA}}+\overrightarrow{\mathrm{AC}}$ である四角形 OABC について，次の問いに答えよ.

(1)　$\overrightarrow{\mathrm{OA}}=\vec{a},\ \overrightarrow{\mathrm{OB}}=\vec{b},\ \overrightarrow{\mathrm{OC}}=\vec{c}$ とおくとき，$\vec{c}$ を $\vec{a},\ \vec{b}$ で表せ.

(2)　$\overrightarrow{\mathrm{CB}} \parallel \overrightarrow{\mathrm{OA}}$ であることを証明せよ.

点 A, B, C が一直線上にあるとき，$\overrightarrow{\mathrm{AB}}$，$\overrightarrow{\mathrm{BC}}$，$\overrightarrow{\mathrm{AC}}$ はすべて平行である．逆に，これらのうちの 2 つが平行であれば，点 A, B, C は一直線上にある.

例題 7　3点 A, B, C について，$3\overrightarrow{\mathrm{OC}}=-2\overrightarrow{\mathrm{OA}}+5\overrightarrow{\mathrm{OB}}$ が成り立つとき，点 A, B, C は一直線上にあることを証明せよ．

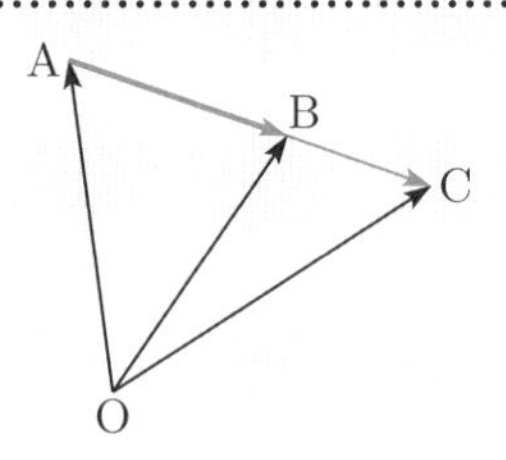

解　$\overrightarrow{\mathrm{AC}}=\overrightarrow{\mathrm{OC}}-\overrightarrow{\mathrm{OA}}$

$$=\frac{-2\overrightarrow{\mathrm{OA}}+5\overrightarrow{\mathrm{OB}}}{3}-\overrightarrow{\mathrm{OA}}$$

$$=\frac{5(\overrightarrow{\mathrm{OB}}-\overrightarrow{\mathrm{OA}})}{3}=\frac{5}{3}\overrightarrow{\mathrm{AB}}$$

したがって，$\overrightarrow{\mathrm{AC}} \mathbin{/\!/} \overrightarrow{\mathrm{AB}}$ より，A, B, C は一直線上にある．　//

問・25　座標平面内の点 A(2, 5), B(5, 2), C(6, 1) について，$\overrightarrow{\mathrm{AC}}$, $\overrightarrow{\mathrm{AB}}$ の成分表示を求めよ．また，点 A, B, C は一直線上にあることを証明せよ．

例題 8　△ABC と点 P について，AP ⊥ BC, BP ⊥ CA を満たしているとき，CP ⊥ AB となることを証明せよ．

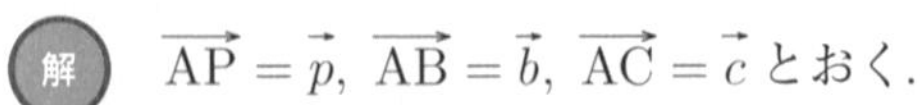

解　$\overrightarrow{\mathrm{AP}}=\vec{p}$, $\overrightarrow{\mathrm{AB}}=\vec{b}$, $\overrightarrow{\mathrm{AC}}=\vec{c}$ とおく．

$\overrightarrow{\mathrm{BC}}=\vec{c}-\vec{b}$, AP ⊥ BC だから

$\vec{p}\cdot(\vec{c}-\vec{b})=0$　すなわち　$\vec{p}\cdot\vec{c}=\vec{p}\cdot\vec{b}$　①

また，$\overrightarrow{\mathrm{BP}}=\vec{p}-\vec{b}$, BP ⊥ CA だから

$(\vec{p}-\vec{b})\cdot(-\vec{c})=0$　すなわち　$\vec{p}\cdot\vec{c}=\vec{b}\cdot\vec{c}$　②

①，②から　$\vec{p}\cdot\vec{b}=\vec{b}\cdot\vec{c}$

移項して整理すると　$(\vec{p}-\vec{c})\cdot\vec{b}=0$

よって，$\overrightarrow{\mathrm{CP}}\cdot\overrightarrow{\mathrm{AB}}=0$ だから　CP ⊥ AB　//

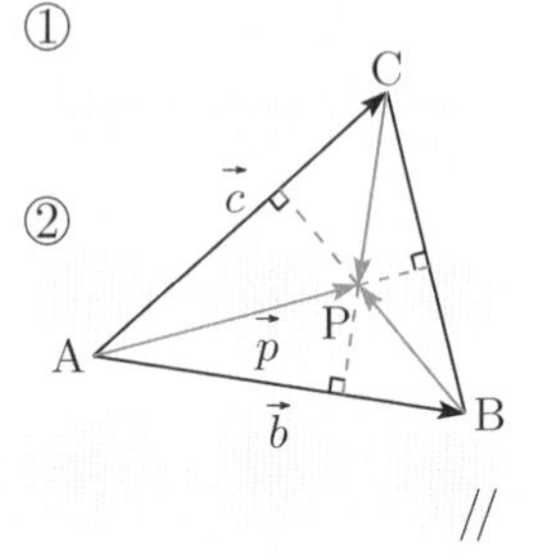

●注…　AP ⊥ BC, BP ⊥ CA, CP ⊥ AB となる点 P を △ABC の**垂心**という．

問・26　ひし形 ABCD の対角線 AC と BD は直交することを証明せよ．

①7　直線のベクトル方程式

平面上に，点Aと零ベクトルでないベクトル $\vec{v}$ があるとき，Aを通り $\vec{v}$ に平行な直線 ℓ をベクトルを用いて表そう．

ℓ 上に任意の点Pをとると

$$\overrightarrow{\mathrm{AP}} \,/\!/\, \vec{v}$$

14ページのベクトルの平行条件より

$$\overrightarrow{\mathrm{AP}} = t\vec{v} \quad (t \text{ は実数})$$

左辺に $\overrightarrow{\mathrm{AP}} = \overrightarrow{\mathrm{OP}} - \overrightarrow{\mathrm{OA}}$ を代入して

$$\overrightarrow{\mathrm{OP}} - \overrightarrow{\mathrm{OA}} = t\vec{v}$$

すなわち，$\overrightarrow{\mathrm{OP}}$ は次のように表される．

$$\boldsymbol{\overrightarrow{\mathrm{OP}} = \overrightarrow{\mathrm{OA}} + t\vec{v}} \qquad (1)$$

これは，直線 ℓ 上の任意の点の位置ベクトル $\overrightarrow{\mathrm{OP}}$ が満たす等式であり，直線 ℓ の**ベクトル方程式**という．また，$\vec{v}$ を直線 ℓ の**方向ベクトル**という．

$\vec{v} = (v_1,\ v_2)$, $\overrightarrow{\mathrm{OA}} = (x_0,\ y_0)$, $\overrightarrow{\mathrm{OP}} = (x,\ y)$ とすると，(1) から

$$(x,\ y) = (x_0,\ y_0) + t(v_1,\ v_2) = (x_0 + v_1 t,\ y_0 + v_2 t)$$

両辺の成分を比較して

$$\boldsymbol{x = x_0 + v_1 t,\ y = y_0 + v_2 t} \qquad (t \text{ は実数}) \qquad (2)$$

(2) を**媒介変数** t による直線 ℓ の方程式という．

さらに $v_1 \neq 0$, $v_2 \neq 0$ のとき，(2) において t を消去すると

$$\boldsymbol{\frac{x - x_0}{v_1} = \frac{y - y_0}{v_2}} \qquad (3)$$

これが x, y の関係式で表された直線 ℓ の方程式である．

問・27　次の直線の媒介変数による方程式を求めよ．

(1)　点 (2, 1) を通り，方向ベクトルが (3, 4) の直線

(2)　点 (3, −2) を通り，方向ベクトルが (0, 5) の直線

(3)　2点 A(4, 3), B(7, 2) を通る直線

次に，点Aを通り，零ベクトルでないベクトル $\vec{n}$ に垂直な直線 ℓ について考えよう．

直線 ℓ 上の任意の点をPとすると，$\vec{n}$ と $\overrightarrow{\mathrm{AP}}$ は直交するから

$$\vec{n}\cdot\overrightarrow{\mathrm{AP}}=0$$

したがって

$$\boldsymbol{\vec{n}\cdot(\overrightarrow{\mathrm{OP}}-\overrightarrow{\mathrm{OA}})=0} \qquad (4)$$

(4) は直線 ℓ 上の任意の点の位置ベクトル $\overrightarrow{\mathrm{OP}}$ が満たす等式であり，(1) と同じく直線 ℓ のベクトル方程式である．

$\vec{n}=(a,\ b)$, $\overrightarrow{\mathrm{OA}}=(x_0,\ y_0)$, $\overrightarrow{\mathrm{OP}}=(x,\ y)$ とすると，(4) から

$$(a,\ b)\cdot(x-x_0,\ y-y_0)=0$$

すなわち

$$\boldsymbol{a(x-x_0)+b(y-y_0)=0} \qquad (5)$$

これが x, y の関係式で表された直線 ℓ の方程式である．

(5) を変形すると

$$ax+by+c=0 \qquad (c=-ax_0-by_0) \qquad (6)$$

一般に，直線に垂直なベクトルをその直線の**法線ベクトル**という．

以上のことから，$\vec{n}=(a,\ b)$ は，(6) で表される直線の法線ベクトルの1つになることがわかる．

例 9　直線 $y=-\dfrac{2}{3}x+4$ は $2x+3y-12=0$ と表すことができるから，この直線の法線ベクトルの1つは $\vec{n}=(2,\ 3)$ である．

問・28　次の直線の法線ベクトルを1つ求めよ．

(1)　$4x+3y+1=0$　　　(2)　$y=\dfrac{5}{2}x+3$

例題 9 直線 ℓ の方程式を $ax+by+c=0$ とし，点 $A(x_0,\ y_0)$ は ℓ 上にないとする．A から ℓ に垂線を引き，ℓ との交点を H とするとき

$$|\overrightarrow{AH}|=\frac{|ax_0+by_0+c|}{\sqrt{a^2+b^2}}$$

であることを証明せよ．

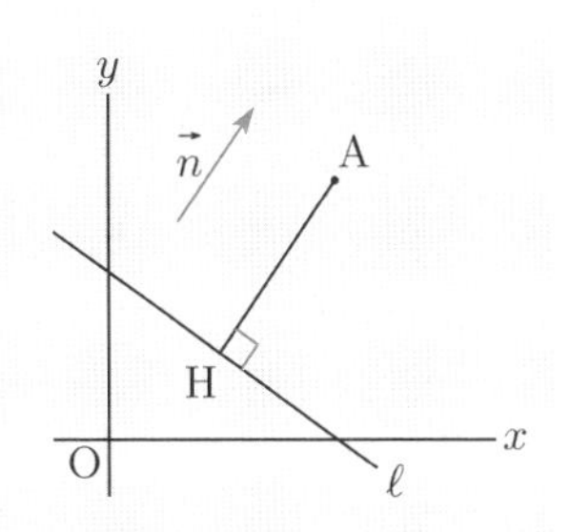

解 $\vec{n}=(a,\ b)$ とおくと，$\vec{n}$ は A から ℓ に引いた垂線の方向ベクトルだから，垂線の方程式は次のようになる．

$$x=x_0+at,\ y=y_0+bt$$

点 H を求めるには，上の方程式と直線 ℓ の方程式 $ax+by+c=0$ を連立すればよいから

$$a(x_0+at)+b(y_0+bt)+c=0$$

これから　　$t=-\dfrac{ax_0+by_0+c}{a^2+b^2}$

よって

$$\begin{aligned}|\overrightarrow{AH}|&=\sqrt{(x-x_0)^2+(y-y_0)^2}\\&=\sqrt{(at)^2+(bt)^2}=|t|\sqrt{a^2+b^2}\\&=\frac{|ax_0+by_0+c|}{\sqrt{a^2+b^2}}\end{aligned}$$

//

●注… $|\overrightarrow{AH}|$ を点 A と直線 ℓ との**距離**という．

問・29 次の点と直線との距離を求めよ．

(1) 原点と直線 $3x+5y+7=0$　　(2) 点 $(-3,\ 2)$ と直線 $y=2x+5$

問・30 3 点 $A(2,\ 3)$, $B(5,\ 7)$, $C(4,\ -1)$ について，次の問いに答えよ．

(1) 直線 AB の方程式を求めよ．

(2) 点 C と直線 AB との距離を求めよ．

(3) $\triangle ABC$ の面積を求めよ．

1 8　平面のベクトルの線形独立・線形従属

ベクトル $\vec{a}$, $\vec{b}$ について，$m\vec{a}+n\vec{b}$ (m, n は実数) の形のベクトルを $\vec{a}$, $\vec{b}$ の**線形結合**または**1次結合**という．m, n をそれぞれ $\vec{a}$, $\vec{b}$ の係数という．

例 10　基本ベクトル $\vec{i}=(1,\ 0)$, $\vec{j}=(0,\ 1)$ の線形結合として，任意のベクトル $\vec{c}=(c_1,\ c_2)$ は

$$\vec{c}=c_1\vec{i}+c_2\vec{j}$$

と表される．$\vec{i}$, $\vec{j}$ の係数は，$\vec{c}$ の成分にほかならない．

例題 10　$\vec{a}=(2,\ -1)$, $\vec{b}=(1,\ 3)$ のとき，$\vec{c}=(8,\ 3)$ を $\vec{a}$, $\vec{b}$ の線形結合で表せ．

解　$\vec{c}=m\vec{a}+n\vec{b}$ とおくと

$$(8,\ 3)=m(2,\ -1)+n(1,\ 3)$$
$$=(2m+n,\ -m+3n)$$

成分を比較して

$$2m+n=8,\ -m+3n=3$$

これを解くと　　$m=3,\ n=2$

したがって　　$\vec{c}=3\vec{a}+2\vec{b}$　　//

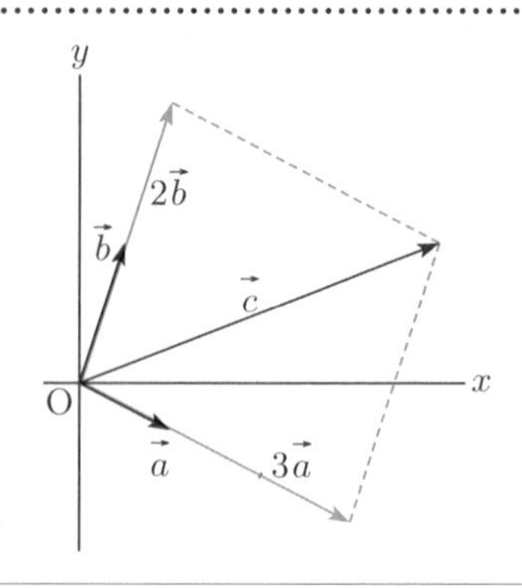

問・31　$\vec{a}=(3,\ 2)$, $\vec{b}=(1,\ 4)$ のとき，次のベクトルを $\vec{a}$, $\vec{b}$ の線形結合で表せ．

(1)　$\vec{c}=(7,\ 8)$　　　　(2)　$\vec{d}=(1,\ -6)$

基本ベクトル $\vec{i}$, $\vec{j}$ や例題10のベクトル $\vec{a}$, $\vec{b}$ は次の性質をもつ．

2つのベクトルはいずれも零ベクトルでなく，平行でない　　(1)

(1) のとき，2つのベクトルは**線形独立**または**1次独立**であるという．

線形独立であるベクトル $\vec{a}$, $\vec{b}$ の線形結合においては，例題 10 のように，係数はただ 1 組に定まる．すなわち，次のことが成り立つ．

$$\boldsymbol{m\vec{a}+n\vec{b}=m'\vec{a}+n'\vec{b} \iff m=m',\ n=n'} \qquad (2)$$

(2) において，$\Longleftarrow$ は明らかである．線形独立のとき，$\Longrightarrow$ を証明しよう．

そのために，$m\vec{a}+n\vec{b}=m'\vec{a}+n'\vec{b}$ であっても，$m=m'$, $n=n'$ とならない場合があると仮定する．例えば，$m \neq m'$ としよう．

$m\vec{a}+n\vec{b}=m'\vec{a}+n'\vec{b}$ を変形すると

$$(m-m')\vec{a}+(n-n')\vec{b}=\vec{0} \qquad (3)$$

$m \neq m'$ より，$m-m' \neq 0$ となるから

$$\vec{a}=-\frac{n-n'}{m-m'}\vec{b} \qquad (4)$$

(1) より $\vec{a}$, $\vec{b}$ は零ベクトルでないが，(4) とベクトルの平行条件より，$\vec{a} \parallel \vec{b}$ となり，(1) と矛盾する．したがって，$m=m'$ でなければならない．

$m=m'$ を (3) に代入すると，$(n-n')\vec{b}=\vec{0}$ となるから，$n=n'$ である．

●注……結論を否定して矛盾を導く証明方法を**背理法**という．

問・32 $\vec{a}$, $\vec{b}$ が線形独立であるとき，次の等式が成り立つように実数 x, y の値を定めよ．

(1) $2\vec{a}+3x\vec{b}=(2y-2)\vec{a}+9\vec{b}$ (2) $x\vec{a}+2y\vec{b}=x(3\vec{a}+4\vec{b})+y\vec{a}-\vec{b}$

例題 11 △OAB において，辺 AB を 2 : 1 の比に内分する点を L，辺 OB の中点を M とし，線分 OL と線分 AM の交点を P とするとき，OP と PL の比を求めよ．

解 $\overrightarrow{OL}=\dfrac{\overrightarrow{OA}+2\overrightarrow{OB}}{3}$, $\overrightarrow{OM}=\dfrac{1}{2}\overrightarrow{OB}$

$\overrightarrow{OP}=s\overrightarrow{OL}$ となる実数 s があるから

$$\overrightarrow{OP}=\frac{s}{3}\overrightarrow{OA}+\frac{2s}{3}\overrightarrow{OB} \qquad ①$$

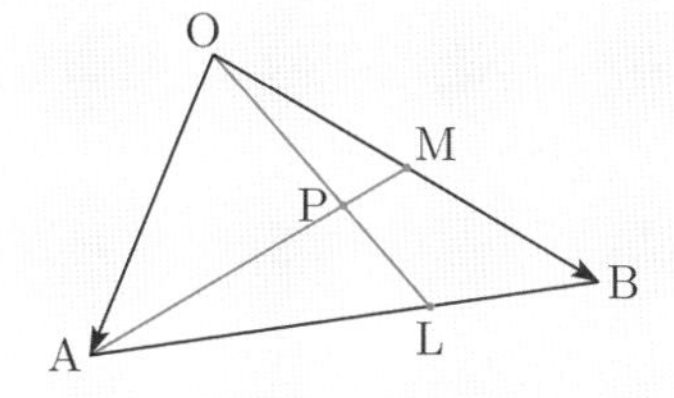

また，P は線分 AM 上の点だから，

19 ページの (1) より

$$\overrightarrow{\mathrm{OP}} = \overrightarrow{\mathrm{OA}} + t\overrightarrow{\mathrm{AM}} = \overrightarrow{\mathrm{OA}} + t(\overrightarrow{\mathrm{OM}} - \overrightarrow{\mathrm{OA}}) = (1-t)\overrightarrow{\mathrm{OA}} + \frac{t}{2}\overrightarrow{\mathrm{OB}} \quad ②$$

①, ②より

$$\frac{s}{3}\overrightarrow{\mathrm{OA}} + \frac{2s}{3}\overrightarrow{\mathrm{OB}} = (1-t)\overrightarrow{\mathrm{OA}} + \frac{t}{2}\overrightarrow{\mathrm{OB}}$$

$\overrightarrow{\mathrm{OA}}, \overrightarrow{\mathrm{OB}}$ は線形独立だから，(2) より係数を比較して

$$\frac{s}{3} = 1-t,\ \frac{2s}{3} = \frac{t}{2} \quad これから \quad s = \frac{3}{5},\ t = \frac{4}{5}$$

したがって，$\overrightarrow{\mathrm{OP}} = \dfrac{3}{5}\overrightarrow{\mathrm{OL}}$ より　$\mathrm{OP} : \mathrm{PL} = 3 : 2$　//

問・33 △OAB において，辺 AB を 3 : 4 の比に内分する点を L，辺 OB の中点を M とし，線分 OL と線分 AM の交点を P とするとき，AP と PM の比を求めよ．

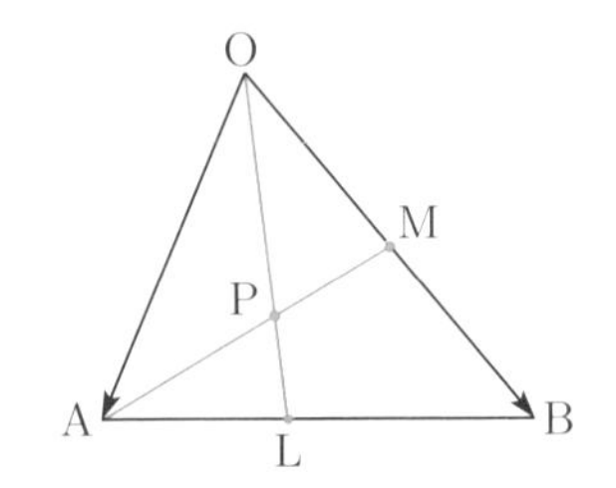

(2) の左側の式を (3) のように変形して，$m-m'$, $n-n'$ をあらためて m, n とおくと，$\vec{a}, \vec{b}$ が線形独立であるとき

$$m\vec{a} + n\vec{b} = \vec{0} \iff m = 0,\ n = 0 \qquad (5)$$

が成り立つ．

逆に，(5) が成り立てば，$\vec{a}, \vec{b}$ は線形独立であることが証明される．以上より，次の線形独立の必要十分条件が得られる．

● 2 個のベクトルの線形独立

$\vec{a}, \vec{b}$ が線形独立であることと，次が成り立つことは同値である．

$$m\vec{a} + n\vec{b} = \vec{0} \iff m = 0,\ n = 0$$

●**注**……必要十分条件のことを単に条件ということもある．

$\vec{a}, \vec{b}$ が線形独立でないとき，$\vec{a}, \vec{b}$ は**線形従属**または**1 次従属**であるという．$\vec{a}, \vec{b}$ が線形従属であることは，(5) が成り立たないことと同値である．

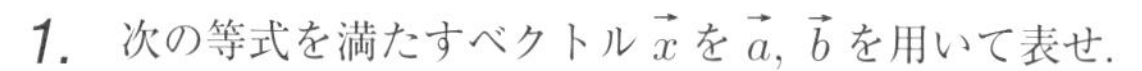

練習問題 1・A

1. 次の等式を満たすベクトル $\vec{x}$ を $\vec{a}$, $\vec{b}$ を用いて表せ.

(1) $3(\vec{a}+\vec{b}+\vec{x})=5\vec{b}$　　(2) $2\vec{a}-3\vec{x}=\vec{x}-3\vec{b}$

2. $|\vec{a}|=3$, $|\vec{b}|=4$ で, $\vec{a}$ と $\vec{b}$ のなす角が $\dfrac{2}{3}\pi$ のとき, $\vec{a}+2\vec{b}$ の大きさを求めよ.

3. 平行四辺形 ABCD において, 次の等式が成り立つことを証明せよ.

$$|\overrightarrow{AC}|^2+|\overrightarrow{BD}|^2=2(|\overrightarrow{AB}|^2+|\overrightarrow{AD}|^2)$$

4. $\vec{a}=(4,\ 3)$, $\vec{b}=(x,\ -2)$ のとき, 次の問いに答えよ.

(1) $(\vec{a}+\vec{b})\,/\!/\,(\vec{a}-\vec{b})$ となるように x の値を定めよ.

(2) $(\vec{a}+\vec{b})\perp(\vec{a}-\vec{b})$ となるように x の値を定めよ.

5. △ABC について, 3 辺 BC, CA, AB の中点を, それぞれ L, M, N とし, 任意の 1 点を O とするとき, 次の等式が成り立つことを証明せよ.

$$\overrightarrow{OA}+\overrightarrow{OB}+\overrightarrow{OC}=\overrightarrow{OL}+\overrightarrow{OM}+\overrightarrow{ON}$$

6. 直線 ℓ の媒介変数 t による方程式が $x=1-3t$, $y=-2+2t$ (t は実数) であるとき, x, y の関係式で表された ℓ の方程式を求めよ.

7. 直線 $\ell : x-2y+1=0$ と点 $\mathrm{P}(2,\ -1)$ について, 次の問いに答えよ.

(1) ℓ の法線ベクトルを 1 つ求めよ.

(2) 点 P を通り ℓ に直交する直線を ℓ_1 とするとき, ℓ_1 の媒介変数 t による方程式を求めよ.

(3) ℓ と ℓ_1 の交点の座標を求めよ.

8. $\vec{a}=(1,\ 2)$, $\vec{b}=(3,\ 7)$, $\vec{c}=(4,\ 6)$ のとき, 次の問いに答えよ.

(1) $\vec{c}$ を $\vec{a}$, $\vec{b}$ の線形結合で表せ.

(2) $\vec{a}$ を $\vec{b}$, $\vec{c}$ の線形結合で表せ.

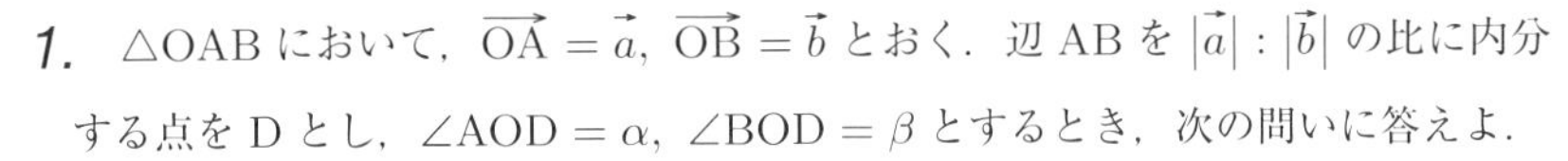

練習問題 1・B

1. △OAB において，$\overrightarrow{\mathrm{OA}}=\vec{a}$, $\overrightarrow{\mathrm{OB}}=\vec{b}$ とおく．辺 AB を $|\vec{a}|:|\vec{b}|$ の比に内分する点を D とし，$\angle\mathrm{AOD}=\alpha$, $\angle\mathrm{BOD}=\beta$ とするとき，次の問いに答えよ．

(1) $\cos\alpha$ を $\vec{a}$ と $\overrightarrow{\mathrm{OD}}$ を用いて表せ．

(2) $\overrightarrow{\mathrm{OD}}$ を $\vec{a}$ と $\vec{b}$ を用いて表せ．

(3) $\cos\alpha=\cos\beta$ であり，$\alpha=\beta$ であることを証明せよ．

2. △ABC において，辺 BC, CA, AB を 3 : 1 の比に内分する点をそれぞれ L, M, N とするとき，△ABC と △LMN の重心は一致することを証明せよ．

3. △OAB において，$\overrightarrow{\mathrm{OA}}=\vec{a}$, $\overrightarrow{\mathrm{OB}}=\vec{b}$ とし，$\vec{a}$ と $\vec{b}$ とのなす角を θ，△OAB の面積を S とするとき，次の等式を証明せよ．ただし，$0\leqq\theta\leqq\pi$ とする．

(1) $\sqrt{|\vec{a}|^2|\vec{b}|^2-(\vec{a}\cdot\vec{b})^2}=|\vec{a}||\vec{b}|\sin\theta$

(2) $S=\dfrac{1}{2}\sqrt{|\vec{a}|^2|\vec{b}|^2-(\vec{a}\cdot\vec{b})^2}$

(3) $\vec{a}=(a_1,\ a_2)$, $\vec{b}=(b_1,\ b_2)$ とおくと　$S=\dfrac{1}{2}|a_1b_2-a_2b_1|$

4. A(1, 4), B(−3, 0), C(−2, −3) のとき，△ABC の面積を求めよ．

5. 点 C を中心とする半径 r の円について，次の問いに答えよ．

(1) 円周上の任意の点を P とおくとき，$\overrightarrow{\mathrm{OC}}$, $\overrightarrow{\mathrm{OP}}$, r の満たす関係式（円のベクトル方程式）を求めよ．

(2) C$(a,\ b)$, P$(x,\ y)$ とするとき，次の等式が成り立つことを証明せよ．

$$(x-a)^2+(y-b)^2=r^2$$

6. 平面上の 2 点 A, B を直径の両端とする円について，次の問いに答えよ．

(1) 円周上の任意の点を P とおくとき，この円のベクトル方程式を $\overrightarrow{\mathrm{OA}}$, $\overrightarrow{\mathrm{OB}}$, $\overrightarrow{\mathrm{OP}}$ で表せ．

(2) A$(x_1,\ y_1)$, B$(x_2,\ y_2)$, P$(x,\ y)$ とするとき，次の等式が成り立つことを証明せよ．

$$(x-x_1)(x-x_2)+(y-y_1)(y-y_2)=0$$

2 空間のベクトル

2 1 空間座標

平面上の点の位置は，座標軸を定めることにより，2 つの実数の組で表すことができた．ここでは，空間内の点の位置を表す方法を考えよう．

空間内の定点 O で互いに直交する 3 直線 Ox, Oy, Oz を引く．各直線は O を原点とし，図のように，半直線 Ox を 90° 回転して半直線 Oy に重ねるように右ねじを回すときにねじが進む向きを半直線 Oz とする．

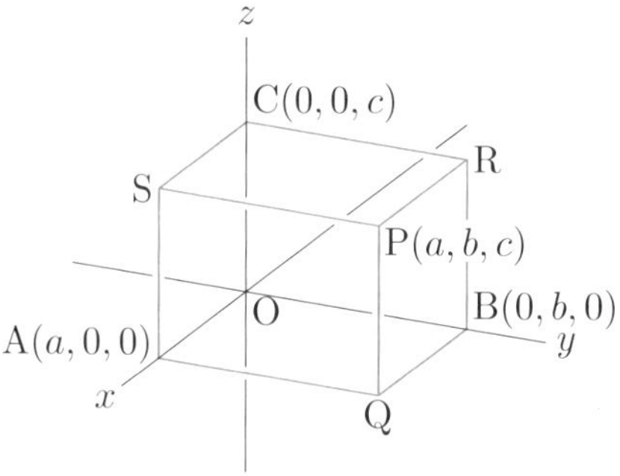

直線 Ox, Oy, Oz をそれぞれ **x 軸**，**y 軸**，**z 軸**といい，これらをまとめて**座標軸**という．また，原点 O と x 軸，y 軸，z 軸を 1 組として右手系の**直交座標系** O–xyz という．

x 軸と y 軸を含む平面，y 軸と z 軸を含む平面，z 軸と x 軸を含む平面をそれぞれ **xy 平面**，**yz 平面**，**zx 平面**という．

空間内に点 P があるとき，P を通り各座標軸に垂直な平面をつくり，それらと各座標軸との交点を図のように A, B, C とし，これらの点の各座標軸上における座標をそれぞれ a, b, c とする．このとき，点 P の位置は 3 つの実数の組 $(a,\ b,\ c)$ によって定まる．これを点 P の**座標**といい，a, b, c をそれぞれ点 P の **x 座標**，**y 座標**，**z 座標**という．

例 1 原点の座標は $(0,\ 0,\ 0)$ である．x 軸，y 軸，z 軸上にある点の座標は，それぞれ $(a,\ 0,\ 0)$, $(0,\ b,\ 0)$, $(0,\ 0,\ c)$ の形で表される．

問・1 空間内の点 $\mathrm{P}(x,\ y,\ z)$ を x 軸方向に a, y 軸方向に b, z 軸方向に c 平行移動した点を Q とするとき，点 Q の座標を求めよ．

問・2 点 $\mathrm{P}(a,\ b,\ c)$ から各座標平面に垂線を引き，xy 平面，yz 平面，zx 平面との交点をそれぞれ Q, R, S とするとき，点 Q, R, S の座標を求めよ．

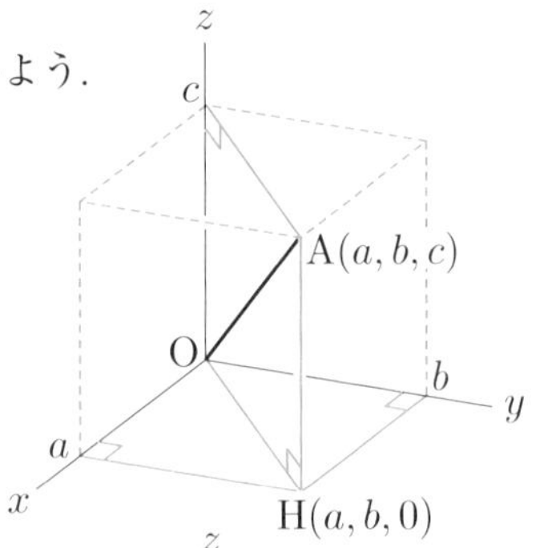

原点 O と点 $\mathrm{A}(a,\ b,\ c)$ の間の距離を求めよう．

点 A から xy 平面に垂線 AH を引く．

$\mathrm{H}(a,\ b,\ 0)$ だから，三平方の定理より

$$\mathrm{OA}^2 = \mathrm{OH}^2 + \mathrm{AH}^2 = (a^2+b^2)+c^2$$

よって　$\mathrm{OA} = \sqrt{a^2+b^2+c^2}$

次に2点を $\mathrm{P}(x_1,\ y_1,\ z_1)$, $\mathrm{Q}(x_2,\ y_2,\ z_2)$ とおく．線分 PQ を直線 OP に沿って平行移動して，点 P を原点 O に重ねるとき，点 Q が点 Q′ に移ったとすると，

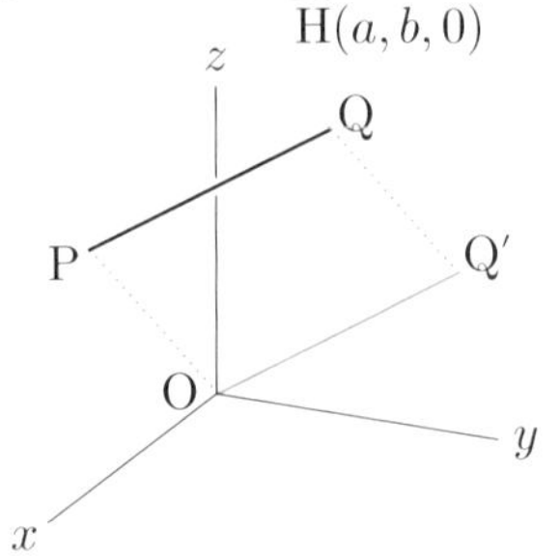

$\mathrm{PQ} = \mathrm{OQ}'$ で

$$\mathrm{Q}'(x_2-x_1,\ y_2-y_1,\ z_2-z_1)$$

よって，上の結果より

$$\mathrm{PQ} = \mathrm{OQ}' = \sqrt{(x_2-x_1)^2+(y_2-y_1)^2+(z_2-z_1)^2}$$

これから，次の公式が得られる．

2点間の距離

2点 $\mathrm{P}(x_1,\ y_1,\ z_1)$, $\mathrm{Q}(x_2,\ y_2,\ z_2)$ の間の距離は

$$\sqrt{(x_2-x_1)^2+(y_2-y_1)^2+(z_2-z_1)^2}$$

特に，原点 $\mathrm{O}(0,\ 0,\ 0)$ と点 $\mathrm{P}(x,\ y,\ z)$ の間の距離は

$$\sqrt{x^2+y^2+z^2}$$

問・3 点 $(3,\ -2,\ 1)$ と点 $(-2,\ 1,\ -5)$ の間の距離を求めよ．

問・4 点 $(2,\ 1,\ -4)$ と点 $(3,\ y,\ -2)$ の間の距離が 3 であるとき，y の値を求めよ．

② 2 ベクトルの成分

以後，空間には座標系 O–xyz が与えられているとする．

空間内のベクトルは，2 点を結ぶ有向線分で表される．すなわち，$\vec{a}=\overrightarrow{\mathrm{PQ}}$ のとき，ベクトル $\vec{a}$ の向きは有向線分 PQ の向きで，$\vec{a}$ の大きさは線分 PQ の長さに等しい．

ベクトル $\vec{a}$ に対して，$\vec{a}=\overrightarrow{\mathrm{OA}}$ となる点 A をとって，その座標を $(a_1,\ a_2,\ a_3)$ とする．

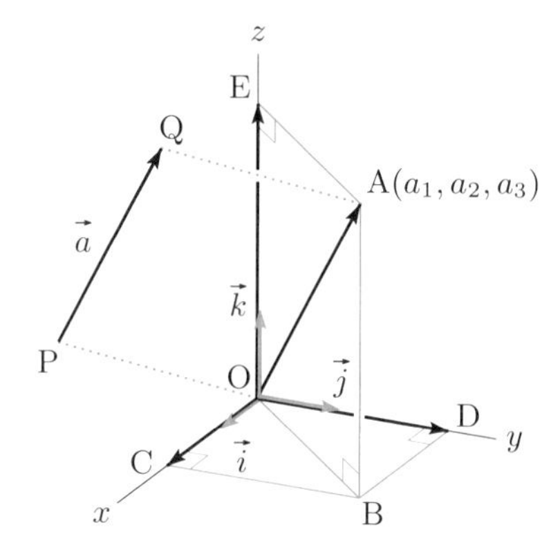

点 A から xy 平面に垂線 AB を引き，点 B から x 軸，y 軸にそれぞれ垂線 BC, BD を引く．さらに点 A から z 軸に垂線 AE を引く．

このとき，$\overrightarrow{\mathrm{BA}}=\overrightarrow{\mathrm{OE}}$ だから

$$\vec{a}=\overrightarrow{\mathrm{OA}}=\overrightarrow{\mathrm{OB}}+\overrightarrow{\mathrm{BA}}=\overrightarrow{\mathrm{OC}}+\overrightarrow{\mathrm{OD}}+\overrightarrow{\mathrm{OE}} \tag{1}$$

x 軸，y 軸，z 軸の正の向きと同じ向きである単位ベクトルをそれぞれ $\vec{i},\ \vec{j},\ \vec{k}$ で表すと

$$\overrightarrow{\mathrm{OC}}=a_1\vec{i},\quad \overrightarrow{\mathrm{OD}}=a_2\vec{j},\quad \overrightarrow{\mathrm{OE}}=a_3\vec{k}$$

これらを (1) に代入すると

$$\boldsymbol{\vec{a}=a_1\vec{i}+a_2\vec{j}+a_3\vec{k}} \tag{2}$$

$\vec{i},\ \vec{j},\ \vec{k}$ をそれぞれ x 軸方向，y 軸方向，z 軸方向の**基本ベクトル**といい，$a_1,\ a_2,\ a_3$ をそれぞれベクトル $\vec{a}$ の **x 成分**，**y 成分**，**z 成分**という．

(2) が成り立つとき，ベクトル $\vec{a}$ を成分の組で表し

$$\boldsymbol{\vec{a}=(a_1,\ a_2,\ a_3)} \tag{3}$$

と書く．(3) の表し方をベクトルの**成分表示**という．

例 2　$\vec{i}=(1,\ 0,\ 0),\ \vec{j}=(0,\ 1,\ 0),\ \vec{k}=(0,\ 0,\ 1)$

また，A$(2,\ 1,\ -3)$ のとき，$\overrightarrow{\mathrm{OA}}=2\vec{i}+\vec{j}-3\vec{k}=(2,\ 1,\ -3)$

平面の場合と同様に，ベクトルの成分について次のことが成り立つ．

●ベクトルの成分による計算

$\vec{a}=(a_1,\ a_2,\ a_3),\ \vec{b}=(b_1,\ b_2,\ b_3)$ のとき

(Ⅰ) $\vec{a}=\vec{b} \iff a_1=b_1,\ a_2=b_2,\ a_3=b_3$

(Ⅱ) $|\vec{a}|=\sqrt{{a_1}^2+{a_2}^2+{a_3}^2}$

(Ⅲ) $\vec{a}\pm\vec{b}=(a_1\pm b_1,\ a_2\pm b_2,\ a_3\pm b_3)$ (複号同順)

(Ⅳ) $m\vec{a}=(ma_1,\ ma_2,\ ma_3)$ (m は実数)

例題 1 $\vec{a}=(3,\ 5,\ -2),\ \vec{b}=(-1,\ 2,\ -3)$ のとき，$2\vec{a}-3\vec{b}$ の成分表示と大きさを求めよ．

解 $2\vec{a}-3\vec{b}=2(3,\ 5,\ -2)-3(-1,\ 2,\ -3)$

$=(6,\ 10,\ -4)-(-3,\ 6,\ -9)=(9,\ 4,\ 5)$

$|2\vec{a}-3\vec{b}|=\sqrt{9^2+4^2+5^2}=\sqrt{122}$ //

問・5 $\vec{a}=(1,\ 2,\ -1),\ \vec{b}=(3,\ 1,\ -2)$ のとき，次のベクトルの成分表示と大きさを求めよ．

(1) $\vec{a}+\vec{b}$　　(2) $3\vec{a}-2\vec{b}$

例題 2 空間内に2点 $\mathrm{A}(x_1,\ y_1,\ z_1)$，$\mathrm{B}(x_2,\ y_2,\ z_2)$ があるとき，ベクトル $\overrightarrow{\mathrm{AB}}$ の成分表示とその大きさを求めよ．

解 $\overrightarrow{\mathrm{OA}}+\overrightarrow{\mathrm{AB}}=\overrightarrow{\mathrm{OB}}$ だから

$\overrightarrow{\mathrm{AB}}=\overrightarrow{\mathrm{OB}}-\overrightarrow{\mathrm{OA}}$

$=(x_2,\ y_2,\ z_2)-(x_1,\ y_1,\ z_1)$

$=(x_2-x_1,\ y_2-y_1,\ z_2-z_1)$

$|\overrightarrow{\mathrm{AB}}|=\sqrt{(x_2-x_1)^2+(y_2-y_1)^2+(z_2-z_1)^2}$ //

z A B O y x

問・6 4 点 A(4, 3, 1), B(7, −3, 3), C(−3, −2, 0), D(−6, 4, −2) があるとき，$\overrightarrow{\mathrm{AB}}$, $\overrightarrow{\mathrm{CD}}$ の成分表示を求めよ．また，四角形 ABCD はどのような四角形か．

空間内の点 P に対して，ベクトル $\overrightarrow{\mathrm{OP}}$ を点 P の**位置ベクトル**という．

m, n を正の数とするとき，線分 AB を $m:n$ の比に内分する点 P の位置ベクトルは，平面上のベクトルの場合と同様にして

$$\overrightarrow{\mathbf{OP}} = \frac{n\overrightarrow{\mathbf{OA}} + m\overrightarrow{\mathbf{OB}}}{m+n} \qquad (4)$$

特に，点 P が線分 AB の中点のとき

$$\overrightarrow{\mathbf{OP}} = \frac{\overrightarrow{\mathbf{OA}} + \overrightarrow{\mathbf{OB}}}{2} \qquad (5)$$

が成り立つ．

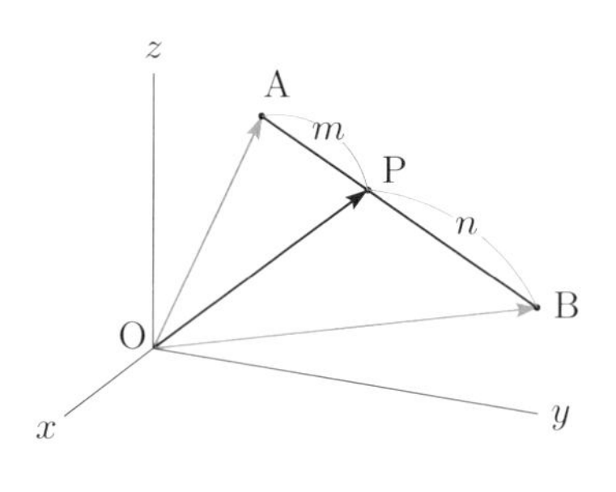

例 3 2 点 A(1, 4, −3) と B(6, −1, 7) を結ぶ線分を 3 : 2 の比に内分する点の座標は $\left(\frac{2\cdot 1+3\cdot 6}{3+2},\ \frac{2\cdot 4+3\cdot(-1)}{3+2},\ \frac{2\cdot(-3)+3\cdot 7}{3+2}\right)$

すなわち (4, 1, 3)

問・7 2 点 A(2, 1, 4) と B(5, −2, 1) を結ぶ線分を次の比に内分する点の座標を求めよ．

(1) 2 : 1　　(2) 2 : 3

問・8 四面体 ABCD において，点 A, B, C, D の位置ベクトルをそれぞれ $\vec{a}$, $\vec{b}$, $\vec{c}$, $\vec{d}$ とおくとき，次の問いに答えよ．

(1) △ABC の重心 G の位置ベクトルを求めよ．

(2) 線分 DG を 3 : 1 の比に内分する点 P の位置ベクトルを求めよ．

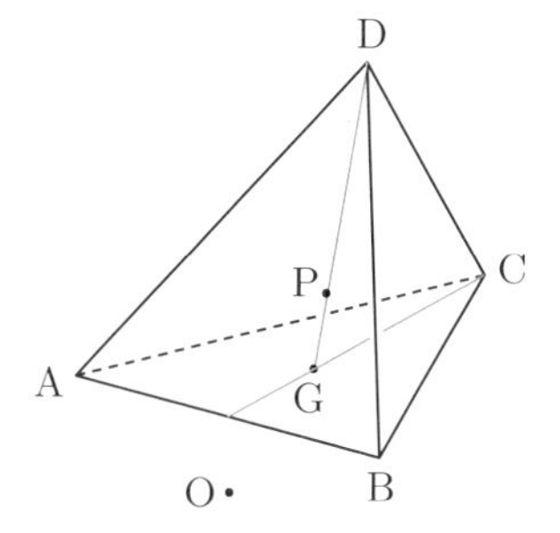

2 3 ベクトルの内積

平面上のベクトルの内積と同様に，空間内の2つのベクトル $\vec{a}, \vec{b}$ に対しても，内積 $\vec{a}\cdot\vec{b}$ が次のように定義される．

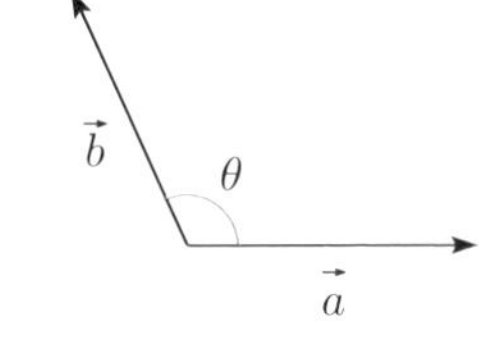

(i) $\vec{a} \neq \vec{0}, \vec{b} \neq \vec{0}$ のとき

$$\boldsymbol{\vec{a}\cdot\vec{b} = |\vec{a}||\vec{b}|\cos\theta} \qquad (1)$$

ただし，θ は $\vec{a}$ と $\vec{b}$ のなす角で，通常は $0 \leqq \theta \leqq \pi$ $(0^\circ \leqq \theta \leqq 180^\circ)$ にとる．

(ii) $\vec{a} = \vec{0}$ または $\vec{b} = \vec{0}$ のとき

$$\vec{a}\cdot\vec{b} = 0$$

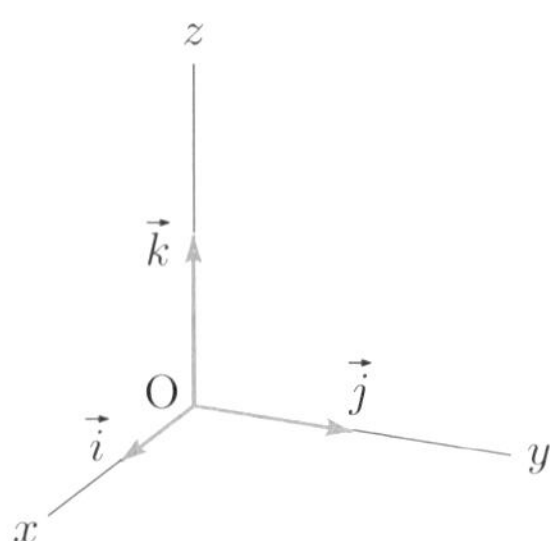

例 4　基本ベクトル $\vec{i}, \vec{j}, \vec{k}$ について

$$\vec{i}\cdot\vec{i} = \vec{j}\cdot\vec{j} = \vec{k}\cdot\vec{k} = 1$$

$$\vec{i}\cdot\vec{j} = \vec{j}\cdot\vec{k} = \vec{k}\cdot\vec{i} = 0$$

平面上のベクトルの場合と同様に，内積について次の公式が成り立つ．

内積の性質と成分による計算

(I) $\vec{a}\cdot\vec{a} = |\vec{a}|^2$

(II) $\vec{a}\cdot\vec{b} = \vec{b}\cdot\vec{a}$

(III) $(m\vec{a})\cdot\vec{b} = \vec{a}\cdot(m\vec{b}) = m(\vec{a}\cdot\vec{b})$　　(m は実数)

(IV) $\vec{a}\cdot(\vec{b}\pm\vec{c}) = \vec{a}\cdot\vec{b} \pm \vec{a}\cdot\vec{c}$　　(複号同順)

(V) $\vec{a} \neq \vec{0}, \vec{b} \neq \vec{0}$ のとき　$\vec{a} \perp \vec{b} \iff \vec{a}\cdot\vec{b} = 0$

(VI) $\vec{a} = (a_1, a_2, a_3), \vec{b} = (b_1, b_2, b_3)$ のとき

$$\vec{a}\cdot\vec{b} = a_1b_1 + a_2b_2 + a_3b_3$$

特に　$|\vec{a}|^2 = \vec{a}\cdot\vec{a} = a_1{}^2 + a_2{}^2 + a_3{}^2$

問・9　次の2つのベクトルの内積を求めよ．

(1) $\vec{a} = (2, 1, 3), \vec{b} = (3, 1, -2)$　(2) $\vec{a} = (-3, 2, 5), \vec{b} = (-2, 1, -3)$

$\vec{a}=(a_1,\ a_2,\ a_3),\ \vec{b}=(b_1,\ b_2,\ b_3)$ とする．$\vec{a}\neq\vec{0},\ \vec{b}\neq\vec{0}$ のとき，$\vec{a}$ と $\vec{b}$ のなす角を θ とすると，(1) と(VI)から次の式が得られる．

$$\cos\theta=\frac{\vec{a}\cdot\vec{b}}{|\vec{a}||\vec{b}|}=\frac{a_1b_1+a_2b_2+a_3b_3}{\sqrt{a_1{}^2+a_2{}^2+a_3{}^2}\sqrt{b_1{}^2+b_2{}^2+b_3{}^2}} \qquad (2)$$

例 5 $\vec{a}=(1,\ -1,\ 1),\ \vec{b}=(\sqrt{2},\ 2\sqrt{3},\ -\sqrt{2})$ のとき

$$\vec{a}\cdot\vec{b}=1\times\sqrt{2}+(-1)\times2\sqrt{3}+1\times(-\sqrt{2})=-2\sqrt{3}$$

$$|\vec{a}|=\sqrt{1^2+(-1)^2+1^2}=\sqrt{3}$$

$$|\vec{b}|=\sqrt{(\sqrt{2})^2+(2\sqrt{3})^2+(-\sqrt{2})^2}=4$$

よって $\cos\theta=\dfrac{-2\sqrt{3}}{\sqrt{3}\times4}=-\dfrac{1}{2}\quad(0\leqq\theta\leqq\pi)\qquad\therefore\quad\theta=\dfrac{2}{3}\pi$

問・10 次の 2 つのベクトルのなす角を求めよ．

(1) $\vec{a}=(\sqrt{2},\ 2,\ 3\sqrt{2}),\ \vec{b}=(1,\ \sqrt{2},\ 1)$

(2) $\vec{a}=(2,\ -1,\ 2),\ \vec{b}=(-1,\ 1,\ 0)$

例題 3 $\vec{a}=(3,\ 2,\ 1),\ \vec{b}=(-1,\ 2,\ 5)$ のとき，$\vec{a}$ と $\vec{b}$ の両方に直交する単位ベクトル $\vec{c}$ を求めよ．

解 $\vec{c}=(x,\ y,\ z)$ とおくと

$\vec{a}\cdot\vec{c}=0$ より　$3x+2y+z=0$ ①

$\vec{b}\cdot\vec{c}=0$ より　$-x+2y+5z=0$ ②

①, ② から y を消去すると　$x=z$

$x=z$ を ① に代入して　$y=-2z$

よって　$\vec{c}=(z,\ -2z,\ z)=z(1,\ -2,\ 1)$

これより，$\vec{v}=(1,\ -2,\ 1)$ とおくと，$\vec{c}$ は $\vec{v}$ に平行である．

$\vec{c}$ は単位ベクトルだから

$$\vec{c}=\pm\frac{\vec{v}}{|\vec{v}|}=\pm\frac{1}{\sqrt{6}}(1,\ -2,\ 1)$$

//

問・11 $\vec{a}=(2,\ 2,\ -1),\ \vec{b}=(-2,\ 1,\ k)$ が直交するとき，次の問いに答えよ．

(1)　k の値を求めよ．

(2)　$\vec{a}$ と $\vec{b}$ の両方に直交する単位ベクトルを求めよ．

例題 4 四面体 ABCD において，$\mathrm{AB}^2+\mathrm{CD}^2=\mathrm{AC}^2+\mathrm{BD}^2$ ならば，$\mathrm{AD}\perp\mathrm{BC}$ であることを証明せよ．

解　$\overrightarrow{\mathrm{AB}}=\vec{b},\ \overrightarrow{\mathrm{AC}}=\vec{c},\ \overrightarrow{\mathrm{AD}}=\vec{d}$ とすると

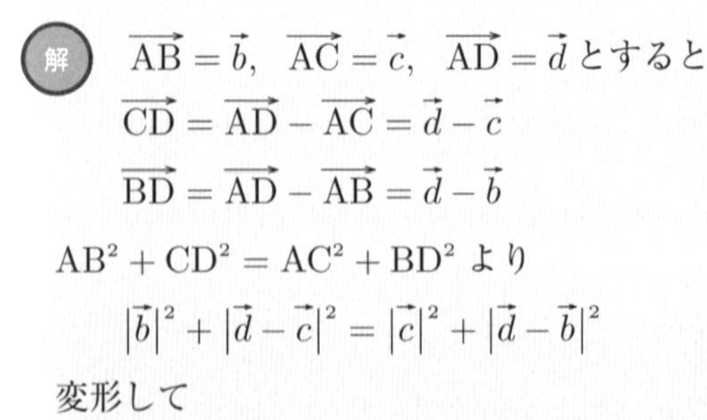

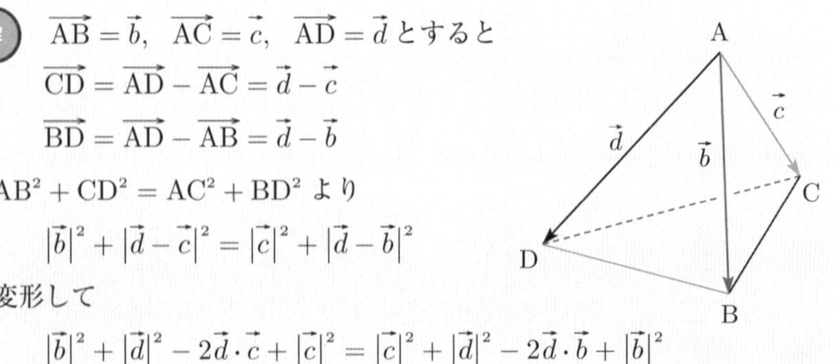

$$\overrightarrow{\mathrm{CD}}=\overrightarrow{\mathrm{AD}}-\overrightarrow{\mathrm{AC}}=\vec{d}-\vec{c}$$

$$\overrightarrow{\mathrm{BD}}=\overrightarrow{\mathrm{AD}}-\overrightarrow{\mathrm{AB}}=\vec{d}-\vec{b}$$

$\mathrm{AB}^2+\mathrm{CD}^2=\mathrm{AC}^2+\mathrm{BD}^2$ より

$$|\vec{b}|^2+|\vec{d}-\vec{c}|^2=|\vec{c}|^2+|\vec{d}-\vec{b}|^2$$

変形して

$$|\vec{b}|^2+|\vec{d}|^2-2\vec{d}\cdot\vec{c}+|\vec{c}|^2=|\vec{c}|^2+|\vec{d}|^2-2\vec{d}\cdot\vec{b}+|\vec{b}|^2$$

よって　$\vec{d}\cdot\vec{c}=\vec{d}\cdot\vec{b}$

また

$$\overrightarrow{\mathrm{BC}}=\overrightarrow{\mathrm{AC}}-\overrightarrow{\mathrm{AB}}=\vec{c}-\vec{b}$$

したがって

$$\overrightarrow{\mathrm{AD}}\cdot\overrightarrow{\mathrm{BC}}=\vec{d}\cdot(\vec{c}-\vec{b})=\vec{d}\cdot\vec{c}-\vec{d}\cdot\vec{b}=0$$

ゆえに　$\mathrm{AD}\perp\mathrm{BC}$　//

問・12 1辺の長さが r の正四面体 OABC について，次の問いに答えよ．

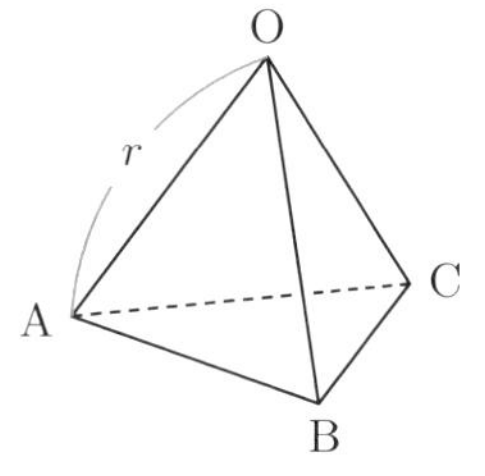

(1)　$\overrightarrow{\mathrm{OA}}\cdot\overrightarrow{\mathrm{OB}},\ \overrightarrow{\mathrm{OA}}\cdot\overrightarrow{\mathrm{OC}}$ を r を用いて表せ．

(2)　$\overrightarrow{\mathrm{OA}}\perp\overrightarrow{\mathrm{BC}}$ であることを証明せよ．

②4 直線の方程式

点 A$(x_0,\ y_0,\ z_0)$ を通り，零ベクトルでないベクトル $\vec{v}=(v_1,\ v_2,\ v_3)$ に平行な直線を ℓ とする．このとき，直線 ℓ の**ベクトル方程式**は，19 ページの平面の場合と同様にして

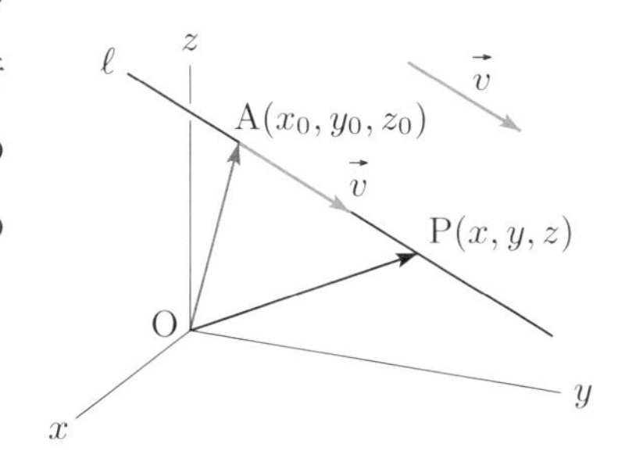

$$\overrightarrow{\mathbf{OP}}=\overrightarrow{\mathbf{OA}}+t\boldsymbol{v} \quad (t \text{ は実数}) \quad (1)$$

$\vec{v}$ は直線 ℓ の**方向ベクトル**である．

$\overrightarrow{\mathrm{OP}}=(x,\ y,\ z)$ とおくと，(1) から

$$(x,\ y,\ z)=(x_0,\ y_0,\ z_0)+t(v_1,\ v_2,\ v_3)$$
$$=(x_0+v_1t,\ y_0+v_2t,\ z_0+v_3t)$$

両辺の成分を比較して

$$\boldsymbol{x}=\boldsymbol{x_0}+\boldsymbol{v_1}\boldsymbol{t},\ \boldsymbol{y}=\boldsymbol{y_0}+\boldsymbol{v_2}\boldsymbol{t},\ \boldsymbol{z}=\boldsymbol{z_0}+\boldsymbol{v_3}\boldsymbol{t} \quad (t \text{ は実数}) \quad (2)$$

(2) は**媒介変数** t による直線 ℓ の方程式である．

$v_1 \neq 0,\ v_2 \neq 0,\ v_3 \neq 0$ のとき，(2) において t を消去すると

$$\frac{\boldsymbol{x}-\boldsymbol{x_0}}{\boldsymbol{v_1}}=\frac{\boldsymbol{y}-\boldsymbol{y_0}}{\boldsymbol{v_2}}=\frac{\boldsymbol{z}-\boldsymbol{z_0}}{\boldsymbol{v_3}} \quad (3)$$

これは $x,\ y,\ z$ の関係式で表された直線 ℓ の方程式である．

例 6　A$(3,\ 5,\ 1)$, B$(2,\ 3,\ 5)$ のとき $\overrightarrow{\mathrm{AB}}=(-1,\ -2,\ 4)$

2 点 A, B を通る直線は，点 A を通り $\overrightarrow{\mathrm{AB}}$ に平行だから

(2) より　$x=3-t,\ y=5-2t,\ z=1+4t$　(t は実数)

または

(3) より　$\dfrac{x-3}{-1}=\dfrac{y-5}{-2}=\dfrac{z-1}{4}$

問・13　次の直線の方程式を求めよ．

(1)　点 $(3,\ 1,\ 4)$ を通り，ベクトル $\vec{v}=(2,\ 1,\ -3)$ に平行な直線

(2)　2 点 $(1,\ -3,\ 2)$, $(5,\ 2,\ 4)$ を通る直線

2つの直線の方向ベクトルのなす角をこの2つの直線のなす角という．この角は，方向ベクトルの選び方によって2通り考えられるが，その小さい方をとるのがふつうである．また，2つの直線のなす角が直角のとき，この2つの直線は垂直であるという．

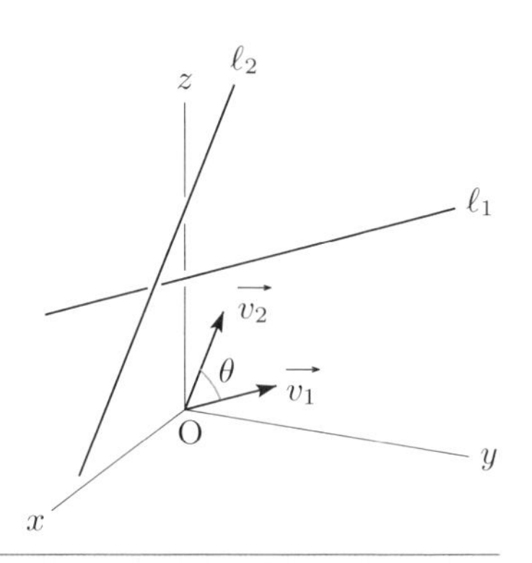

例題 5 次の方程式で表される2直線 ℓ_1, ℓ_2 のなす角を求めよ．

$$\ell_1 : x = -2 + t,\ y = -3 - t,\ z = 1 + \sqrt{2}t$$

$$\ell_2 : x = 1 + t,\ y = -1 + t,\ z = 3 - \sqrt{2}t$$

解 2直線 ℓ_1, ℓ_2 の方向ベクトルをそれぞれ $\overrightarrow{v_1}$, $\overrightarrow{v_2}$ とすると

$$\overrightarrow{v_1} = (1,\ -1,\ \sqrt{2}),\ \overrightarrow{v_2} = (1,\ 1,\ -\sqrt{2})$$

$\overrightarrow{v_1}$ と $\overrightarrow{v_2}$ のなす角を θ とおくと

$$\cos\theta = \frac{1 \times 1 + (-1) \times 1 + \sqrt{2} \times (-\sqrt{2})}{\sqrt{1^2 + (-1)^2 + (\sqrt{2})^2}\sqrt{1^2 + 1^2 + (-\sqrt{2})^2}} = -\frac{1}{2}$$

$0^\circ \leqq \theta \leqq 180^\circ$ より $\theta = 120^\circ$

したがって，ℓ_1, ℓ_2 のなす角は

$$180^\circ - 120^\circ = 60^\circ \quad //$$

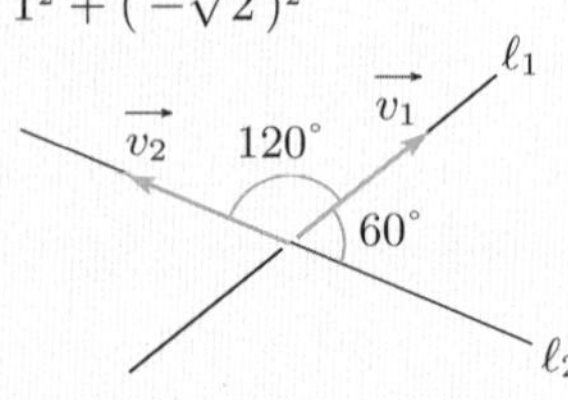

問・14 次の方程式で表される2直線のなす角を求めよ．

$$\frac{x+1}{2} = \frac{y-1}{-6} = \frac{z-3}{2\sqrt{2}},\quad \frac{x+3}{-1} = y + 2 = \frac{z-1}{-\sqrt{2}}$$

問・15 次の2直線 ℓ_1, ℓ_2 が垂直であるように，定数 k の値を定めよ．

$$\ell_1 : \frac{x-1}{3} = \frac{y+2}{-5} = \frac{z-5}{2}$$

$$\ell_2 : x = 3 + kt,\ y = 2t,\ z = 1 - 4t \quad (t \text{ は実数})$$

② 5　平面の方程式

零ベクトルでないベクトル $\vec{n}$ に垂直で，点 A を通る平面 α の方程式を求めよう．

平面 α 上の任意の点を P とすると，$\vec{n}$ と $\overrightarrow{\mathrm{AP}}$ は直交するから

$$\vec{n}\cdot\overrightarrow{\mathrm{AP}}=0$$

したがって

$$\boldsymbol{\vec{n}\cdot(\overrightarrow{\mathrm{OP}}-\overrightarrow{\mathrm{OA}})=0} \qquad (1)$$

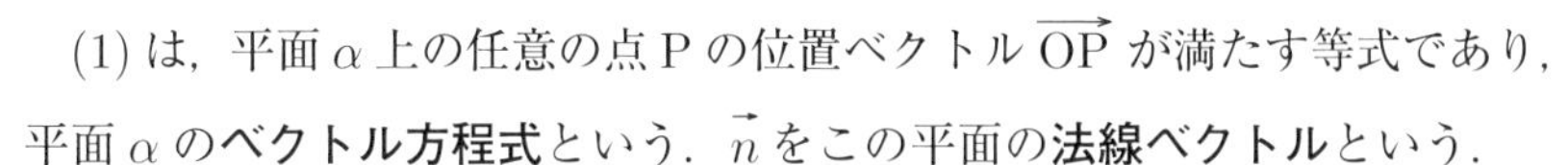

(1) は，平面 α 上の任意の点 P の位置ベクトル $\overrightarrow{\mathrm{OP}}$ が満たす等式であり，平面 α の**ベクトル方程式**という．$\vec{n}$ をこの平面の**法線ベクトル**という．

$$\overrightarrow{\mathrm{OA}}=(x_0,\ y_0,\ z_0),\ \overrightarrow{\mathrm{OP}}=(x,\ y,\ z),\ \vec{n}=(a,\ b,\ c)$$

とすると，(1) から

$$(a,\ b,\ c)\cdot(x-x_0,\ y-y_0,\ z-z_0)=0$$

すなわち

$$\boldsymbol{a(x-x_0)+b(y-y_0)+c(z-z_0)=0} \qquad (2)$$

これが，点 $\mathrm{A}(x_0,\ y_0,\ z_0)$ を通り，$\vec{n}=(a,\ b,\ c)$ を法線ベクトルとする平面 α の方程式である．

(2) を変形すると　$ax+by+cz-(ax_0+by_0+cz_0)=0$

したがって，一般に，平面の方程式は次のような形に書くことができる．

$$\boldsymbol{ax+by+cz+d=0}$$

$$\text{または}\quad \boldsymbol{ax+by+cz=d}$$

ただし，$a,\ b,\ c,\ d$ は定数で，$a,\ b,\ c$ のうち少なくとも 1 つは 0 でない．

また，$\vec{n}=(a,\ b,\ c)$ は，この平面の法線ベクトルの 1 つである．

例 7　平面 $x-2y+3z-5=0$ の法線ベクトルの 1 つは $\vec{n}=(1,\ -2,\ 3)$ である．また，$(-1,\ 2,\ -3)$ も法線ベクトルである．

例題 6 点 A(1, −1, 2) を通り，次の直線に垂直な平面の方程式を求めよ．

$$x-2=\frac{y+1}{-2}=\frac{z}{5}$$

解　この直線はベクトル $\vec{v}=(1,\ -2,\ 5)$ に平行だから，ベクトル $\vec{v}$ に垂直で点 A(1, −1, 2) を通る平面の方程式を求めればよい．

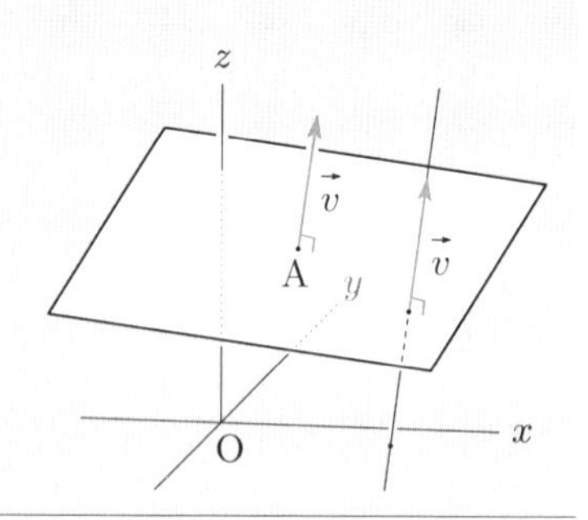

$$(x-1)-2(y+1)+5(z-2)=0$$

よって　$x-2y+5z-13=0$　//

例題 7 次の 3 点を通る平面の方程式を求めよ．

$$(-3,\ 4,\ -2),\ (1,\ 1,\ -3),\ (2,\ 0,\ -4)$$

解　求める平面の方程式を $ax+by+cz+d=0$ とおく．

点 (−3, 4, −2) を通るから　$-3a+4b-2c+d=0$　①

点 (1, 1, −3) を通るから　$a+b-3c+d=0$　②

点 (2, 0, −4) を通るから　$2a-4c+d=0$　③

①−②×4 より　$-7a+10c-3d=0$　④

③×5＋④×2 より　$-4a-d=0$　したがって　$a=-\frac{1}{4}d$

③ より　$c=-\frac{1}{4}(-2a-d)=\frac{1}{8}d$

② より　$b=-a+3c-d=-\frac{3}{8}d$

したがって　$-\frac{1}{4}dx-\frac{3}{8}dy+\frac{1}{8}dz+d=0$

$d=0$ とすると $a=b=c=0$ となるから，$d\neq 0$ である．

両辺を d で割って −8 倍すると　$2x+3y-z-8=0$　//

●注……求める平面の方程式を $ax+by+cz=d$ とおくと，解の中の式 ①, ②, ③はそれぞれ次のようになる．

$$-3a+4b-2c=d$$
$$a+b-3c=d$$
$$2a-4c=d$$

これを a, b, c に関する連立方程式とみなして解くこともできる．

問・16 次の平面の方程式を求めよ．

(1) 点 $(3,\ 1,\ -2)$ を通り，ベクトル $(1,\ 2,\ -2)$ に垂直な平面

(2) 点 $(2,\ -2,\ 1)$ を通り，平面 $2x-3y+2z=1$ に平行な平面

(3) 3 点 $(2,\ 1,\ 0)$, $(-1,\ 0,\ 3)$, $(0,\ 1,\ 1)$ を通る平面

2 つの平面の法線ベクトルのなす角をこの **2 つの平面のなす角**という．この角は，法線ベクトルの選び方によって 2 通り考えられるが，その小さい方をとるのがふつうである．また，2 つの平面のなす角が直角のとき，この 2 つの平面は垂直であるという．

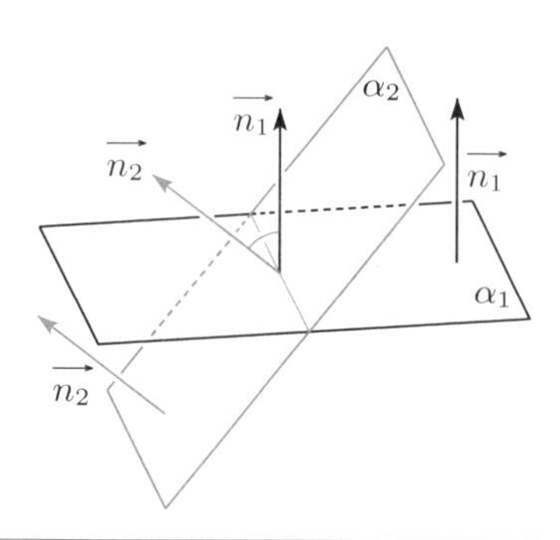

例題 8 次の方程式で表される 2 平面のなす角を求めよ．

$$2x-2y+1=0,\ x-3y+\sqrt{6}z-1=0$$

解 ベクトル $(2,\ -2,\ 0)$, $(1,\ -3,\ \sqrt{6})$ はそれぞれの平面の法線ベクトルの 1 つである．この 2 つのベクトルのなす角を θ とすると

$$\cos\theta=\frac{2\times1+(-2)\times(-3)+0\times\sqrt{6}}{\sqrt{2^2+(-2)^2+0^2}\sqrt{1^2+(-3)^2+(\sqrt{6})^2}}=\frac{1}{\sqrt{2}}$$

よって

$$\theta=45^\circ$$ //

問・17 2平面 $3x+\sqrt{2}y+z-6=0$, $x+\sqrt{2}y+z-5=0$ のなす角を求めよ.

問・18 2平面 $x+2y+kz-3=0$, $x+(k+2)y-3z-5=0$ が垂直になるように定数 k の値を定めよ.

平面 α 上にない点Aから平面 α に垂線を引き, 平面 α との交点をHとするとき, 線分AHの長さを**点Aと平面 α との距離**という.

点Aの座標を $(x_0,\ y_0,\ z_0)$ とし, 平面 α の方程式を $ax+by+cz+d=0$ として, 点Aと平面 α との距離を求めよう.

$\vec{n}=(a,\ b,\ c)$ とおくと, $\vec{n}$ はAから α に引いた垂線の方向ベクトルだから, 直線AHの方程式は次のようになる.

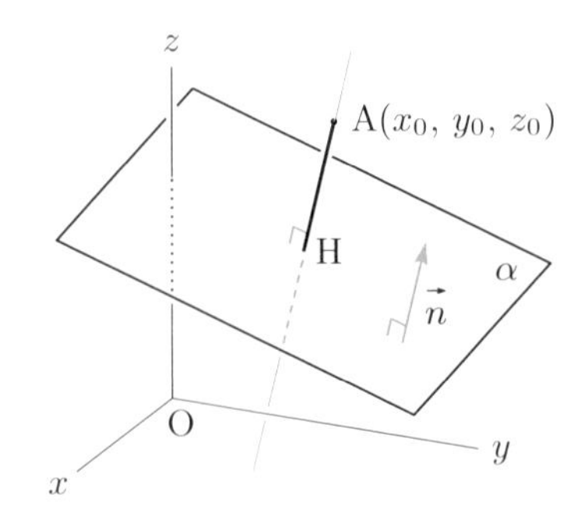

$$\begin{cases} x=x_0+at \\ y=y_0+bt \\ z=z_0+ct \end{cases}$$

点Hを求めるには, 上の方程式と平面 α の方程式 $ax+by+cz+d=0$ を連立すればよいから

$$a(x_0+at)+b(y_0+bt)+c(z_0+ct)+d=0$$

これから $\qquad t=-\dfrac{ax_0+by_0+cz_0+d}{a^2+b^2+c^2}$

よって

$$\begin{aligned} |\overrightarrow{\mathrm{AH}}| &= \sqrt{(x-x_0)^2+(y-y_0)^2+(z-z_0)^2} \\ &= \sqrt{(at)^2+(bt)^2+(ct)^2}=|t|\sqrt{a^2+b^2+c^2} \\ &= \frac{|ax_0+by_0+cz_0+d|}{\sqrt{a^2+b^2+c^2}} \end{aligned}$$

●点と平面の距離

点 $(x_0,\ y_0,\ z_0)$ と平面 $ax+by+cz+d=0$ との距離は

$$\frac{|ax_0+by_0+cz_0+d|}{\sqrt{a^2+b^2+c^2}}$$

問・19 次の点と平面 $2x+3y-z+3=0$ との距離を求めよ.

(1) 原点　(2) 点 $(-1,\ 2,\ 1)$　(3) 点 $(-3,\ -2,\ 1)$

2 6 球の方程式

点 C を中心とする半径 r の球の方程式を求めよう.

球上の任意の点を P とする. このとき $|\overrightarrow{\mathrm{CP}}|=r$ が成り立つから

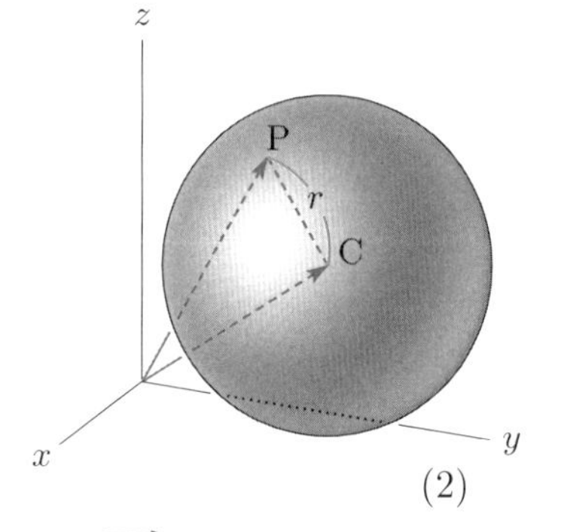

$$\left|\overrightarrow{\mathbf{OP}}-\overrightarrow{\mathbf{OC}}\right|=\boldsymbol{r} \qquad (1)$$

両辺を 2 乗して, 内積の性質を用いると

$$\left(\overrightarrow{\mathbf{OP}}-\overrightarrow{\mathbf{OC}}\right)\cdot\left(\overrightarrow{\mathbf{OP}}-\overrightarrow{\mathbf{OC}}\right)=\boldsymbol{r}^2 \qquad (2)$$

(1), (2) は, 球上の任意の点 P の位置ベクトル $\overrightarrow{\mathrm{OP}}$ が満たす等式であり**球のベクトル方程式**という.

$\mathrm{C}(x_0,\ y_0,\ z_0)$, $\mathrm{P}(x,\ y,\ z)$ とすると, 次の方程式が得られる.

$$\boldsymbol{(x-x_0)^2+(y-y_0)^2+(z-z_0)^2=r^2} \qquad (3)$$

特に, 原点を中心とする半径 r の球の方程式は

$$\boldsymbol{x^2+y^2+z^2=r^2} \qquad (4)$$

例 8 点 $(1,\ -2,\ 0)$ を中心とする半径 3 の球の方程式は

$$(x-1)^2+(y+2)^2+z^2=9$$

問・20 次の球の方程式を求めよ.

(1) 点 $(0,\ 0,\ 2)$ を中心とする半径 $\sqrt{3}$ の球

(2) 点 $(2,\ -1,\ -3)$ を中心とする半径 2 の球

例題 9　2点 $\mathrm{A}(3,\ 5,\ 1)$, $\mathrm{B}(-1,\ 3,\ -3)$ を直径の両端とする球の方程式を求めよ.

解　この球の中心は，線分 AB の中点だから，その座標は

$$\left(\frac{3-1}{2},\ \frac{5+3}{2},\ \frac{1-3}{2}\right)\quad \text{すなわち}\quad (1,\ 4,\ -1)$$

この球の半径は，線分 AB の長さの $\frac{1}{2}$ だから

$$\frac{1}{2}\sqrt{(3+1)^2+(5-3)^2+(1+3)^2}=3$$

したがって，求める球の方程式は

$$(x-1)^2+(y-4)^2+(z+1)^2=9 \qquad //$$

問・21　次の球の方程式を求めよ.

(1)　中心が原点で，点 $(1,\ -2,\ 1)$ を通る球

(2)　中心が点 $(2,\ -3,\ 1)$ で，点 $(5,\ -1,\ 3)$ を通る球

(3)　2点 $(2,\ -3,\ -1)$, $(0,\ 1,\ 3)$ を直径の両端とする球

球の方程式 (3) を変形すると

$$x^2+y^2+z^2-2x_0x-2y_0y-2z_0z+{x_0}^2+{y_0}^2+{z_0}^2-r^2=0$$

したがって，球の方程式は次の形に書くこともできる.

$$\boldsymbol{x^2+y^2+z^2+ax+by+cz+d=0} \qquad (5)$$

例 9　$x^2+y^2+z^2-2x+4y-6z+5=0$ を変形すると

$$(x-1)^2+(y+2)^2+(z-3)^2=9$$

となるから，これは，中心 $(1,\ -2,\ 3)$, 半径 3 の球の方程式である.

問・22　次の方程式で表される球の中心と半径を求めよ.

(1)　$x^2+y^2+z^2-2x+6y+4z-2=0$

(2)　$x^2+y^2+z^2+2x-6y-2=0$

(3)　$\frac{1}{2}x^2+\frac{1}{2}y^2+\frac{1}{2}z^2-x-2y-3z=0$

② 7 空間のベクトルの線形独立・線形従属

3 つのベクトル $\vec{a}, \vec{b}, \vec{c}$ について，$\vec{a} = \overrightarrow{\mathrm{OA}}, \vec{b} = \overrightarrow{\mathrm{OB}}, \vec{c} = \overrightarrow{\mathrm{OC}}$ とする．このとき，4 点 O, A, B, C が同一平面上にない，すなわち 4 点を通る平面が存在しないとき，ベクトル $\vec{a}, \vec{b}, \vec{c}$ は**線形独立**または **1 次独立**であるといい，そうでないとき，**線形従属**または **1 次従属**であるという．

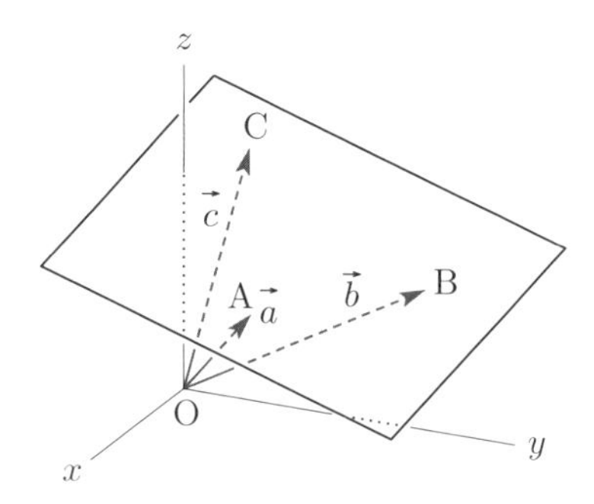

$\vec{a}, \vec{b}, \vec{c}$ が線形独立のとき，これらの**線形結合** $l\vec{a} + m\vec{b} + n\vec{c}$ の係数はただ 1 組に定まる．すなわち

$$l\vec{a} + m\vec{b} + n\vec{c} = l'\vec{a} + m'\vec{b} + n'\vec{c} \iff l = l',\ m = m',\ n = n' \quad (1)$$

(1) を変形して，係数を書き換えると

$$l\vec{a} + m\vec{b} + n\vec{c} = \vec{0} \iff l = 0,\ m = 0,\ n = 0 \quad (2)$$

(2) において，$\Longleftarrow$ は明らかである．

線形独立のとき，$\Longrightarrow$ を背理法を用いて証明しよう．

結論を否定して l, m, n の少なくとも 1 つは 0 でないと仮定する．

$\vec{a} = \overrightarrow{\mathrm{OA}}, \vec{b} = \overrightarrow{\mathrm{OB}}, \vec{c} = \overrightarrow{\mathrm{OC}}$ とおくと

$$l\overrightarrow{\mathrm{OA}} + m\overrightarrow{\mathrm{OB}} + n\overrightarrow{\mathrm{OC}} = \vec{0}$$

例えば，$n \neq 0$ とすると

$$\overrightarrow{\mathrm{OC}} = -\frac{l}{n}\overrightarrow{\mathrm{OA}} - \frac{m}{n}\overrightarrow{\mathrm{OB}}$$

これから，C が O, A, B を含む平面上にあることになり，線形独立の条件に矛盾する．$l \neq 0$ や $m \neq 0$ の場合も同様である．

● **注**……一直線上にない 3 点 O, A, B を含む平面上の任意の点 P の位置ベクトル $\overrightarrow{\mathrm{OP}}$ は次のように表される．

$$\overrightarrow{\mathrm{OP}} = l\,\overrightarrow{\mathrm{OA}} + m\,\overrightarrow{\mathrm{OB}} \quad (l,\ m \text{ は実数})$$

例題 10 四面体 OABC と $\overrightarrow{\mathrm{OG}}=\dfrac{\overrightarrow{\mathrm{OA}}+\overrightarrow{\mathrm{OB}}+\overrightarrow{\mathrm{OC}}}{4}$ で定まる点 G について，直線 CG と △OAB の交点 P の位置ベクトル $\overrightarrow{\mathrm{OP}}$ を $\overrightarrow{\mathrm{OA}}$, $\overrightarrow{\mathrm{OB}}$ で表せ.

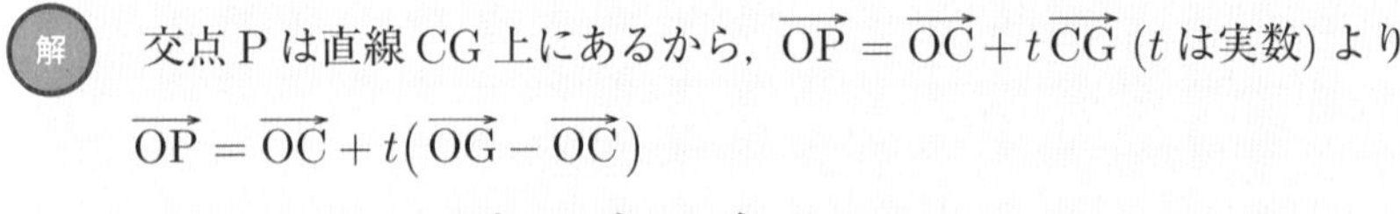

解　交点 P は直線 CG 上にあるから，$\overrightarrow{\mathrm{OP}}=\overrightarrow{\mathrm{OC}}+t\overrightarrow{\mathrm{CG}}$ (t は実数) より

$$\begin{aligned}\overrightarrow{\mathrm{OP}}&=\overrightarrow{\mathrm{OC}}+t\left(\overrightarrow{\mathrm{OG}}-\overrightarrow{\mathrm{OC}}\right)\\&=\overrightarrow{\mathrm{OC}}+t\left(\frac{\overrightarrow{\mathrm{OA}}+\overrightarrow{\mathrm{OB}}+\overrightarrow{\mathrm{OC}}}{4}-\overrightarrow{\mathrm{OC}}\right)\\&=\frac{t}{4}\overrightarrow{\mathrm{OA}}+\frac{t}{4}\overrightarrow{\mathrm{OB}}+\left(1-\frac{3t}{4}\right)\overrightarrow{\mathrm{OC}}\quad ①\end{aligned}$$

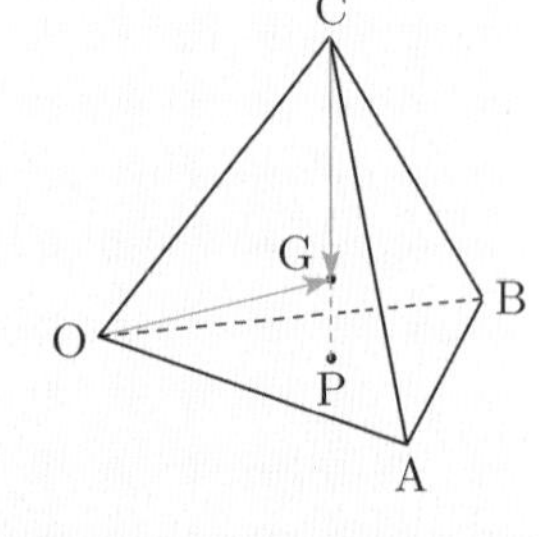

また，P は O, A, B を含む平面上の点だから

実数 l, m があって

$$\overrightarrow{\mathrm{OP}}=l\overrightarrow{\mathrm{OA}}+m\overrightarrow{\mathrm{OB}}\quad ②$$

①, ②より

$$\frac{t}{4}\overrightarrow{\mathrm{OA}}+\frac{t}{4}\overrightarrow{\mathrm{OB}}+\left(1-\frac{3t}{4}\right)\overrightarrow{\mathrm{OC}}=l\overrightarrow{\mathrm{OA}}+m\overrightarrow{\mathrm{OB}}$$

$\overrightarrow{\mathrm{OA}}$, $\overrightarrow{\mathrm{OB}}$, $\overrightarrow{\mathrm{OC}}$ は線形独立だから，係数を比較して

$$\frac{t}{4}=l,\ \frac{t}{4}=m,\ 1-\frac{3t}{4}=0$$

これを解いて　$t=\dfrac{4}{3},\ l=m=\dfrac{1}{3}$

したがって　　$\overrightarrow{\mathrm{OP}}=\dfrac{\overrightarrow{\mathrm{OA}}+\overrightarrow{\mathrm{OB}}}{3}$　　//

問・23 例題 10 において，直線 BG と △OAC の交点 Q の位置ベクトル $\overrightarrow{\mathrm{OQ}}$ を $\overrightarrow{\mathrm{OA}}$, $\overrightarrow{\mathrm{OC}}$ で表せ.

実は，43 ページの (2) が成り立つならば，$\vec{a}$, $\vec{b}$, $\vec{c}$ は線形独立である. これを背理法で証明するために，$\vec{a}$, $\vec{b}$, $\vec{c}$ は線形従属であると仮定する.

(i) $\vec{a}=\vec{0}$ の場合，$1\vec{a}+0\vec{b}+0\vec{c}=\vec{0}$ となるから，(2) は成り立たない.

$\vec{b}=\vec{0}$ または $\vec{c}=\vec{0}$ の場合も同様である．

(ii) (i) でない場合

$\vec{a}=\overrightarrow{\mathrm{OA}}$, $\vec{b}=\overrightarrow{\mathrm{OB}}$, $\vec{c}=\overrightarrow{\mathrm{OC}}$ とする．

このとき，O, A, B, C は同一平面上にあるから，例えば

$$\overrightarrow{\mathrm{OC}}=l\,\overrightarrow{\mathrm{OA}}+m\,\overrightarrow{\mathrm{OB}}$$

と表される．変形すると

$$l\,\overrightarrow{\mathrm{OA}}+m\,\overrightarrow{\mathrm{OB}}-\overrightarrow{\mathrm{OC}}=\vec{0}$$

したがって，(2) は成り立たない．

以上より，次の線形独立の条件が得られる．

● 3 個のベクトルの線形独立

$\vec{a}$, $\vec{b}$, $\vec{c}$ が線形独立であることと，次が成り立つことは同値である．

$$l\vec{a}+m\vec{b}+n\vec{c}=\vec{0} \iff l=0,\ m=0,\ n=0$$

$\vec{a}=\overrightarrow{\mathrm{OA}}$, $\vec{b}=\overrightarrow{\mathrm{OB}}$, $\vec{c}=\overrightarrow{\mathrm{OC}}$ は線形独立であるとし，$\vec{d}=\overrightarrow{\mathrm{OD}}$ を任意のベクトルとする．このとき，点 E を CO // DE で $\overrightarrow{\mathrm{OA}}$, $\overrightarrow{\mathrm{OB}}$ で作られる平面上にとると

$$\overrightarrow{\mathrm{OE}}=l\vec{a}+m\vec{b}$$

$$\overrightarrow{\mathrm{ED}}=n\vec{c}$$

となる実数 l, m, n が存在するから

$$\vec{d}=\overrightarrow{\mathrm{OD}}=\overrightarrow{\mathrm{OE}}+\overrightarrow{\mathrm{ED}}$$

$$=l\vec{a}+m\vec{b}+n\vec{c}$$

が得られる．

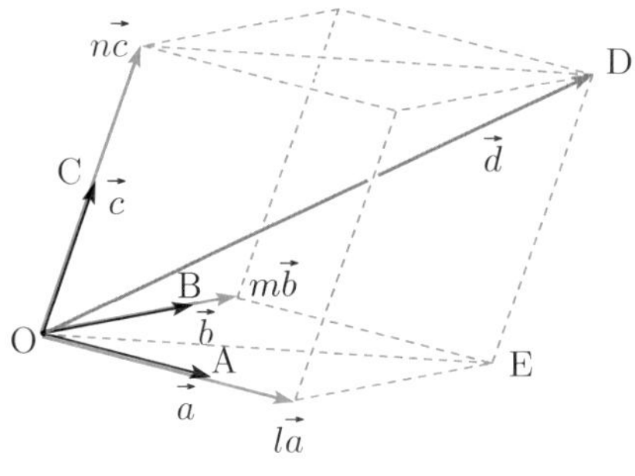

これは，$\vec{a}$, $\vec{b}$, $\vec{c}$ が線形独立であれば，任意のベクトル $\vec{d}$ はそれらのベクトルの線形結合で表されることを示している．

コラム

ベクトルの積

図形を扱う学問である幾何学において，「積」を図形の面積と関連して捉えるのは自然な発想であろう．実際，19 世紀の中頃に初めてベクトル $\vec{a}, \vec{b}$ の積が考えられたとき，その大きさは $\vec{a}, \vec{b}$ で定まる平行四辺形の面積とされ，幾何学積（後に外積）と名づけられた．

現在では，この積は空間のベクトルの場合に最も多く用いられ，$\vec{a} \times \vec{b}$ と表される．すなわち，$\vec{a}, \vec{b}$ のなす角を θ とおくとき，外積 $\vec{a} \times \vec{b}$ の大きさは次のようになる．

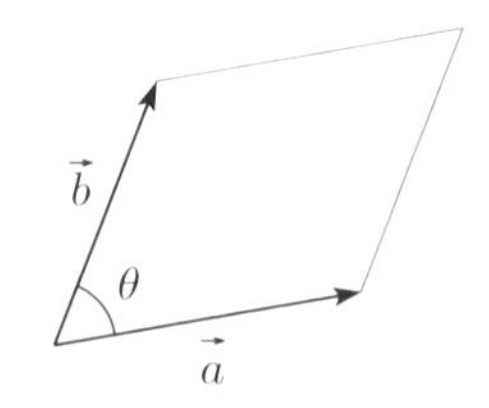

$$|\vec{a}||\vec{b}|\sin\theta$$

ドイツの数学者グラスマン（1809～1877）は，外積に続いてベクトル $\vec{a}, \vec{b}$ の線形積（後の内積）$\vec{a} \cdot \vec{b}$ を

$$|\vec{a}||\vec{b}|\cos\theta$$

と定めた．ベクトル $\vec{b}$ を，$\vec{a}$ に平行な $\vec{b_1}$ と $\vec{a}$ に垂直な $\vec{b_2}$ に分解するとき，外積は $\vec{a}$ と $\vec{b_2}$，内積は $\vec{a}$ と $\vec{b_1}$ の（大きさの）積である．

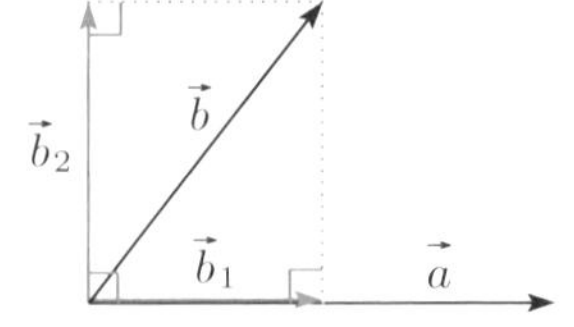

数学的には内積の方が取り扱いやすい．それは，内積が交換法則と分配法則を満たすのに対して，外積は分配法則しか満たさず，また，内積は平面ベクトルでも空間ベクトルでも同様に定義されるからである．

内積は純粋に数学の概念からつくりあげられたものであるが，実は物理学などでも応用される．例えば力学における仕事は，物体に加えた力 $\vec{F}$ とそれによって生じる変位の積と定義されるが，実際に変位をもたらす力は $\vec{F}$ の変位方向の成分 $\vec{F_1}$ である．したがって，仕事は $\vec{F_1}$ と変位の積，すなわち $\vec{F}$ と変位ベクトル $\vec{d}$ の内積である．

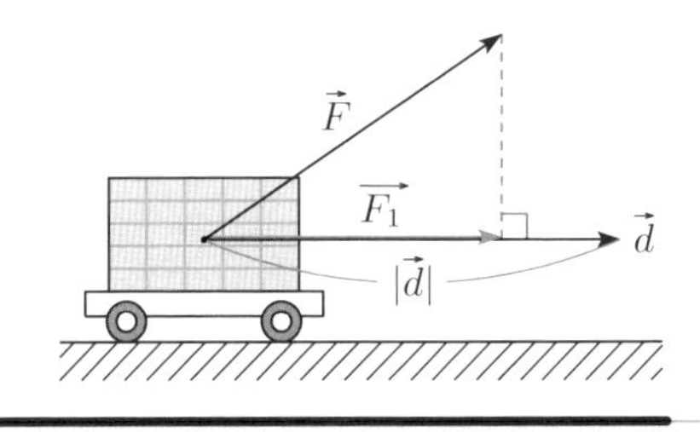

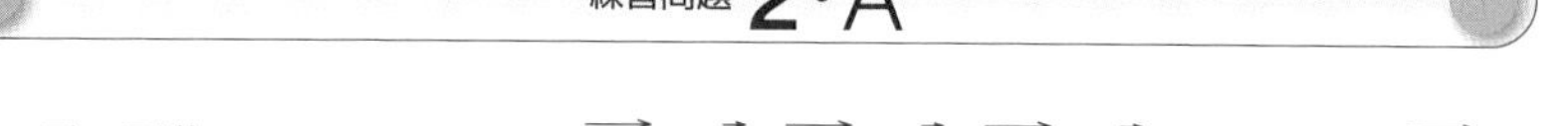

練習問題 2・A

1. 正四面体ABCDにおいて，$\overrightarrow{\mathrm{AB}}=\vec{a}$, $\overrightarrow{\mathrm{AC}}=\vec{b}$, $\overrightarrow{\mathrm{CD}}=\vec{c}$ とおくとき，$\overrightarrow{\mathrm{BD}}$ を $\vec{a}$, $\vec{b}$, $\vec{c}$ で表せ．

2. 3点 A$(1,\ 4,\ 0)$, B$(-1,\ 2,\ 6)$, C$(5,\ -1,\ 3)$ がある．点Dを選んで，四角形ABCDが平行四辺形になるようにしたい．Dの座標をどのように選んだらよいか．

3. 次の3点が一直線上にあるように定数 a, b の値を定めよ．

$$\mathrm{A}(2,\ 3,\ -1),\ \ \mathrm{B}(4,\ -1,\ 5),\ \ \mathrm{C}(a,\ b,\ 8)$$

4. $\vec{a}=(1,\ -2,\ -3)$, $\vec{b}=(2,\ 3,\ 1)$ のとき，次の2式を同時に満たすベクトル $\vec{x}$, $\vec{y}$ の成分表示を求めよ．

$$3\vec{x}+\vec{y}=\vec{a},\ 5\vec{x}+2\vec{y}=\vec{b}$$

5. 点 $(5,\ 2,\ -3)$ を通り，次の方程式で表される直線に平行な直線の方程式を求めよ．

$$x=2+3t,\ y=1-t,\ z=3-2t\quad (t\text{ は実数})$$

6. 平面 $ax+6y-2z+1=0$ と次の方程式で表される直線が平行となるように定数 a の値を定めよ．

$$\frac{x-1}{-1}=\frac{y+1}{2}=\frac{z-3}{5}$$

7. 点 $(2,\ -1,\ 6)$ を通りベクトル $(3,\ 1,\ -1)$ に垂直な平面と次の方程式で表される直線との交点を求めよ．

$$\frac{x}{-2}=\frac{y-2}{3}=\frac{z}{2}$$

8. 点 C$(4,\ 1,\ -3)$ を通りベクトル $(2,\ 2,\ -1)$ に平行な直線と，点Cを中心とする半径6の球との交点を求めよ．

練習問題 2・B

1. 右の図の $\triangle$DBC は $\triangle$ABC を辺 BC を軸として回転して得られた三角形である．このとき，$\overrightarrow{\mathrm{BC}}$ と $\overrightarrow{\mathrm{AD}}$ は垂直であることを証明せよ．

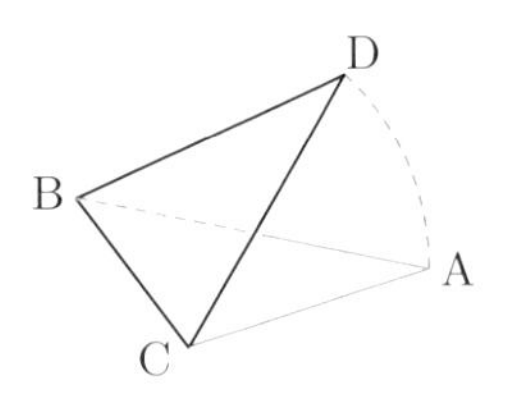

2. 次の平行な 2 直線を含む平面の方程式を求めよ．

$$x = \frac{y+2}{2} = \frac{z+3}{2}, \quad x+1 = \frac{y}{2} = \frac{z+2}{2}$$

3. 2 平面 $\alpha : 3x - 2y + 5z - 1 = 0$, $\beta : 3x + 2y + z - 5 = 0$ について，次の問いに答えよ．

(1) 点 $\mathrm{A}(x,\ 0,\ z)$ が平面 α, β の交線上にあるとき，x, z の値を求めよ．

(2) 平面 α, β の法線ベクトルのいずれにも直交するベクトルを求めよ．

(3) 平面 α, β の交線の媒介変数による方程式を求めよ．

4. 球 $x^2 + y^2 + z^2 - 4x + 6y + 8z - 20 = 0$ について，次の問いに答えよ．

(1) この球が xy 平面と交わってできる円の中心の座標と半径を求めよ．

(2) この球が x 軸から切り取る線分の長さを求めよ．

5. 4 面体 OABC において，$\mathrm{OA} = 3$, $\mathrm{OB} = 4$, $\mathrm{OC} = 4$, $\angle\mathrm{AOB} = \dfrac{\pi}{2}$, $\angle\mathrm{BOC} = \angle\mathrm{COA} = \dfrac{\pi}{3}$ であるとし，$\overrightarrow{\mathrm{OA}} = \vec{a}$, $\overrightarrow{\mathrm{OB}} = \vec{b}$, $\overrightarrow{\mathrm{OC}} = \vec{c}$ とおく．このとき，$\vec{c} - l\vec{a} - m\vec{b}$ が $\vec{a}, \vec{b}$ の両方に直交するように実数 l, m を定めよ．

6. 空間において，$\vec{0}$ でない 3 個のベクトル $\vec{a}$, $\vec{b}$, $\vec{c}$ が $\vec{a}\cdot\vec{b} = \vec{b}\cdot\vec{c} = \vec{c}\cdot\vec{a} = 0$ を満たすとき，$\vec{a}$, $\vec{b}$, $\vec{c}$ は線形独立であることを証明せよ．

7. 方程式 $x^2 + y^2 + z^2 - 6x + 2y - 4z + d = 0$ で表される図形が球であるような d の値の範囲を求めよ．また，そのときの球の中心の座標と半径を求めよ．

2章 行列

$$\begin{array}{|cccc|}\hline 1 & 3 & 1 & 1 \\ 2 & 5 & 3 & 3 \\ 3 & 4 & 6 & 4 \\ \hline\end{array}$$

2行−1行×2 ↓↑ 2行+1行×2

$$\begin{array}{|cccc|}\hline 1 & 3 & 1 & 1 \\ 0 & -1 & 1 & 1 \\ 3 & 4 & 6 & 4 \\ \hline\end{array}$$

3行−1行×3 ↓↑ 3行+1行×3

$$\begin{array}{|cccc|}\hline 1 & 3 & 1 & 1 \\ 0 & -1 & 1 & 1 \\ 0 & -5 & 3 & 1 \\ \hline\end{array}$$

2行×(−1) ↓↑ 2行×(−1)

$$\begin{array}{|cccc|}\hline 1 & 3 & 1 & 1 \\ 0 & 1 & -1 & -1 \\ 0 & -5 & 3 & 1 \\ \hline\end{array}$$

3行+2行×5 ↓↑ 3行−2行×5

$$\begin{array}{|cccc|}\hline 1 & 3 & 1 & 1 \\ 0 & 1 & -1 & -1 \\ 0 & 0 & -2 & -4 \\ \hline\end{array}$$

3行÷(−2) ↓↑ 3行×(−2)

$$\begin{array}{|cccc|}\hline 1 & 3 & 1 & 1 \\ 0 & 1 & -1 & -1 \\ 0 & 0 & 1 & 2 \\ \hline\end{array}$$

$$\begin{cases} x+3y+z=1 \\ 2x+5y+3z=3 \\ 3x+4y+6z=4 \end{cases}$$

2式−1式×2 ↓↑ 2式+1式×2

$$\begin{cases} x+3y+z=1 \\ -y+z=1 \\ 3x+4y+6z=4 \end{cases}$$

3式−1式×3 ↓↑ 3式+1式×3

$$\begin{cases} x+3y+z=1 \\ -y+z=1 \\ -5y+3z=1 \end{cases}$$

2式×(−1) ↓↑ 2式×(−1)

$$\begin{cases} x+3y+z=1 \\ y-z=-1 \\ -5y+3z=1 \end{cases}$$

3式+2式×5 ↓↑ 3式−2式×5

$$\begin{cases} x+3y+z=1 \\ y-z=-1 \\ -2z=-4 \end{cases}$$

3式÷(−2) ↓↑ 3式×(−2)

$$\begin{cases} x+3y+z=1 \\ y-z=-1 \\ z=2 \end{cases}$$

●この章を学ぶために

連立1次方程式を解くときに，係数と右辺の数だけを縦横に並べると見やすくなる．この形のものを数学では行列という．2つの行列を A, B とおくとき，和 $A+B$ および実数 k との積 kA は，ベクトルと同様に定められる．それだけではなく，行列の積 AB も行列として定義される．さらに，数の場合の0や1に対応する行列 O や E も定義されて，0でない数 a の逆数 $\frac{1}{a}=a^{-1}$ と同様な性質をもつ逆行列 A^{-1} も考えられる．ただし，逆行列が求められるためには，O でないだけでは不十分である．行列については，数やベクトルとの違いに注意して学ぶ必要がある．

1 行列

1 1 行列の定義

次のように，数や文字を長方形状に並べたものを**行列**といい，個々の数や文字をその行列の**成分**とよぶ．通常，両側を括弧でくくって行列を表す．

例1 $\begin{pmatrix} 3 & 4 \\ -1 & 1 \\ 0 & 2 \end{pmatrix}$, $\begin{pmatrix} 67 & 52 \\ 20 & 87 \end{pmatrix}$, $\begin{pmatrix} a & b & c \\ d & e & f \end{pmatrix}$

行列において，横の並びを**行**といい，上から順に第1行，第2行，$\cdots$ という．また，縦の並びを**列**といい，左から順に第1列，第2列，$\cdots$ という．

第 i 行と第 j 列の交わる位置にある成分を **$(i,\ j)$ 成分**という．

問・1 例1にあげた3つの行列の $(1,\ 2)$ 成分と $(2,\ 1)$ 成分をいえ．

行の数が m であり，列の数が n である行列を **m 行 n 列の行列**，または **$m \times n$ 行列**という．例1の行列は，左から 3×2 行列，2×2 行列，2×3 行列である．

行列は1つの文字で表されることが多く，ふつう A, B, C などの大文字が用いられる．すべての成分が0であるような行列を**零行列**といい，O で表す．

$m \times n$ 行列 A の $(i,\ j)$ 成分を a_{ij} で表すと

$$A = \begin{pmatrix} a_{11} & a_{12} & \cdots\cdots & a_{1n} \\ a_{21} & a_{22} & \cdots\cdots & a_{2n} \\ \cdots & \cdots & \cdots\cdots & \cdots \\ a_{m1} & a_{m2} & \cdots\cdots & a_{mn} \end{pmatrix}$$

この行列を簡単に $A = (a_{ij})$ と書くこともある．また

$$\begin{pmatrix} a_1 & a_2 & \cdots & a_n \end{pmatrix}, \quad \begin{pmatrix} b_1 \\ b_2 \\ \vdots \\ b_m \end{pmatrix}$$

のように，1つの行からなる $1 \times n$ 行列を（n 次の）**行ベクトル**といい，1つの列からなる $m \times 1$ 行列を（m 次の）**列ベクトル**という．特に，1×1 行列 (a_{11}) は単に a_{11} と書く．

2つの行列について，行の数が同じであり，列の数も同じであるとき，この2つの行列は**同じ型**であるという．同じ型の2つの行列 A, B の対応する成分がすべて等しいとき，行列 A と B は**等しい**といい，$A = B$ と書く．

問・2 次の等式を満たす a, b, c, d の値を求めよ．

$$\begin{pmatrix} 2a-3b & c-d \\ a+2b & 3c+5d \end{pmatrix} = \begin{pmatrix} -5 & 5 \\ 8 & -17 \end{pmatrix}$$

行の数と列の数が一致している行列を**正方行列**といい，$n \times n$ 行列のことを**n 次の正方行列**という．

n 次の正方行列 $A = (a_{ij})$ において左上から右下に向かって並んでいる成分 $a_{11}, a_{22}, \cdots, a_{nn}$ を**対角成分**という．対角成分以外の成分がすべて 0 である行列を**対角行列**という．

$$A = \begin{pmatrix} a_{11} & a_{12} & \cdots & a_{1n} \\ a_{21} & a_{22} & \cdots & a_{2n} \\ \vdots & \vdots & \ddots & \vdots \\ a_{n1} & a_{n2} & \cdots & a_{nn} \end{pmatrix}$$

対角成分がすべて 1 である対角行列を**単位行列**といい，E で表す．

例 2 $\begin{pmatrix} 4 & 0 & 0 \\ 0 & 0 & 0 \\ 0 & 0 & -2 \end{pmatrix}$ は対角行列，$\begin{pmatrix} 1 & 0 \\ 0 & 1 \end{pmatrix}$，$\begin{pmatrix} 1 & 0 & 0 \\ 0 & 1 & 0 \\ 0 & 0 & 1 \end{pmatrix}$ は単位行列

1 2 行列の和・差，数との積

同じ型の行列 A, B の対応する成分の和を成分とする行列を A と B の**和**といい，$A + B$ と書く．例えば

$$A = \begin{pmatrix} a_{11} & a_{12} & a_{13} \\ a_{21} & a_{22} & a_{23} \end{pmatrix}, \quad B = \begin{pmatrix} b_{11} & b_{12} & b_{13} \\ b_{21} & b_{22} & b_{23} \end{pmatrix}$$

とすると

$$A + B = \begin{pmatrix} a_{11} + b_{11} & a_{12} + b_{12} & a_{13} + b_{13} \\ a_{21} + b_{21} & a_{22} + b_{22} & a_{23} + b_{23} \end{pmatrix}$$

一般に，$A = (a_{ij}), B = (b_{ij})$ とすると，$A + B = (a_{ij} + b_{ij})$ である．

この定義からわかるように，行列の加法においても，数やベクトルの場合と同じく交換法則，結合法則が成り立つ．すなわち，A, B, C が同じ型の行列のとき

交換法則 $\quad A + B = B + A \quad (1)$

結合法則 $\quad (A + B) + C = A + (B + C) \quad (2)$

結合法則より，同じ型の行列の和については加法の順序に関係なく結果は同じだから，(2) の両辺を単に $A + B + C$ と書く．

問・3 次の計算をせよ.

(1) $\begin{pmatrix} 2 & 3 \\ -1 & -1 \end{pmatrix} + \begin{pmatrix} -6 & 8 \\ 7 & 0 \end{pmatrix}$ (2) $\begin{pmatrix} 3 & 7 & 3 \\ -6 & 8 & 1 \end{pmatrix} + \begin{pmatrix} -2 & 3 & -3 \\ 8 & 3 & 2 \end{pmatrix}$

問・4 $A = \begin{pmatrix} 2 & 6 & -9 \\ -3 & -1 & -3 \end{pmatrix}$, $B = \begin{pmatrix} -2 & 1 & -2 \\ 7 & -1 & 5 \end{pmatrix}$, $C = \begin{pmatrix} 2 & 7 & 2 \\ -1 & 7 & 3 \end{pmatrix}$

のとき，次の計算をせよ.

(1) $A + C$ (2) $A + B + C$

問・5 次の等式を満たす x, y, z, w の値を求めよ.

$$\begin{pmatrix} x & 2y \\ 1 & -7 \end{pmatrix} + \begin{pmatrix} 2 & -9 \\ z & w+3 \end{pmatrix} = \begin{pmatrix} 10 & y-7 \\ -1 & 1 \end{pmatrix}$$

同じ型の行列 A, B に対して

$$A + X = B \qquad (3)$$

を満たす行列 X を B から A を引いた**差**といい，$B - A$ で表す.

$A = (a_{ij}), B = (b_{ij}), X = (x_{ij})$ とすると，(3) より

$$(a_{ij} + x_{ij}) = (b_{ij})$$

これから

$$x_{ij} = b_{ij} - a_{ij}$$

すなわち，差 $B - A$ は行列 B, A の対応する成分の差を成分とする行列である.

問・6 次の計算をせよ.

(1) $\begin{pmatrix} -6 & 1 & 5 \\ 1 & -6 & 8 \end{pmatrix} - \begin{pmatrix} -3 & -7 & 8 \\ 8 & -5 & 1 \end{pmatrix}$ (2) $\begin{pmatrix} -2 & 4 \\ -1 & 6 \\ 3 & 6 \end{pmatrix} - \begin{pmatrix} 0 & -6 \\ -9 & 4 \\ -4 & 0 \end{pmatrix}$

問・7 $A = \begin{pmatrix} -3 & 2 \\ -2 & 4 \end{pmatrix}$，$B = \begin{pmatrix} 3 & -1 \\ 0 & 4 \end{pmatrix}$，$C = \begin{pmatrix} -2 & 1 \\ -1 & 2 \end{pmatrix}$ のとき，次の計算をせよ．

(1) $A + B - C$　　(2) $A - B - C$　　(3) $A - B + C$

行列 A と零行列 O が同じ型のとき，次の等式が成り立つ．

$$A + O = O + A = A$$

また，差 $O - A$ を単に $-A$ と書く．$A = (a_{ij})$ とすると

$$-A = (0 - a_{ij}) = (-a_{ij})$$

すなわち，$-A$ は A の各成分の符号を変えた行列である．

定義から，同じ型の行列 A, B に対して，次の等式が成り立つ．

$$A + (-A) = O, B - A = B + (-A)$$

任意の数 k と行列 A に対して，A の各成分を k 倍したものを成分とする行列を，k と A の**積**といい，kA と書く．例えば

$$A = \begin{pmatrix} a_{11} & a_{12} & a_{13} \\ a_{21} & a_{22} & a_{23} \end{pmatrix} \text{ のとき } kA = \begin{pmatrix} ka_{11} & ka_{12} & ka_{13} \\ ka_{21} & ka_{22} & ka_{23} \end{pmatrix}$$

定義から次の等式が成り立つ．

$$0A = O, \quad 1A = A, \quad (-1)A = -A$$

また，数と行列の積について，次の演算法則が成り立つ．

●数と行列の積

A, B は同じ型の行列で，k, l を任意の数とするとき

(I) $k(A \pm B) = kA \pm kB$　　(複号同順)

(II) $(k \pm l)A = kA \pm lA$　　(複号同順)

(III) $(kl)A = k(lA)$

問・8 A, B が 2×3 行列のとき，上の公式を証明せよ．

例題 1 $A=\begin{pmatrix}3 & -1 & 4\\ 3 & 2 & 1\end{pmatrix}$，$B=\begin{pmatrix}0 & 2 & 3\\ 5 & -3 & -2\end{pmatrix}$ のとき，次の等式を満たす行列 X を求めよ．

$$2(X-B)+A=X+3A$$

解 与えられた式を変形すると

$$2X-2B+A=X+3A$$

したがって

$$\begin{aligned}X&=2(A+B)\\&=2\left\{\begin{pmatrix}3 & -1 & 4\\ 3 & 2 & 1\end{pmatrix}+\begin{pmatrix}0 & 2 & 3\\ 5 & -3 & -2\end{pmatrix}\right\}\\&=2\begin{pmatrix}3 & 1 & 7\\ 8 & -1 & -1\end{pmatrix}=\begin{pmatrix}6 & 2 & 14\\ 16 & -2 & -2\end{pmatrix}\end{aligned}$$

//

問・9 $A=\begin{pmatrix}2 & 6 & 6\\ 3 & -4 & 1\end{pmatrix}$，$B=\begin{pmatrix}6 & -1 & -3\\ -5 & 2 & 0\end{pmatrix}$ のとき，次の行列を求めよ．

(1) $A+3B$　　(2) $3A-4B$

(3) $(A-2B)+(2A+B)$　　(4) $(B-A)-(3A-B)$

問・10 $A=\begin{pmatrix}-2 & -2 & 2\\ 1 & 3 & -1\\ 3 & 1 & 2\end{pmatrix}$，$B=\begin{pmatrix}3 & 0 & 2\\ 4 & 3 & -1\\ 3 & 0 & 3\end{pmatrix}$ のとき，次の等式を満たす行列 X を求めよ．

$$2A+3X=5B$$

1 3 行列の積

3次の行ベクトル $(a_1 \quad a_2 \quad a_3)$ と3次の列ベクトル $\begin{pmatrix} b_1 \\ b_2 \\ b_3 \end{pmatrix}$ に対して，それらの積を次のように定める．

$$(a_1 \quad a_2 \quad a_3)\begin{pmatrix} b_1 \\ b_2 \\ b_3 \end{pmatrix} = a_1b_1 + a_2b_2 + a_3b_3 \tag{1}$$

次に，2つの行列の積について考えよう．

2×3 行列 $A = \begin{pmatrix} a_{11} & a_{12} & a_{13} \\ a_{21} & a_{22} & a_{23} \end{pmatrix}$ と 3×2 行列 $B = \begin{pmatrix} b_{11} & b_{12} \\ b_{21} & b_{22} \\ b_{31} & b_{32} \end{pmatrix}$ に対して，A の2つの行ベクトルと B の2つの列ベクトルとから4つの積が考えられる．

A の第 i 行ベクトル $(a_{i1} \quad a_{i2} \quad a_{i3})$ と B の第 j 列ベクトル $\begin{pmatrix} b_{1j} \\ b_{2j} \\ b_{3j} \end{pmatrix}$ との積を $c_{ij}(i = 1, 2, j = 1, 2)$ とおくとき，c_{ij} を (i, j) 成分にもつ 2×2 行列を A と B の**積**といい，AB と書く．

$$A = \begin{pmatrix} a_{11} & a_{12} & a_{13} \\ a_{21} & a_{22} & a_{23} \end{pmatrix} \quad B = \begin{pmatrix} b_{11} & b_{12} \\ b_{21} & b_{22} \\ b_{31} & b_{32} \end{pmatrix}$$

1行目　2列目　(1, 2) 成分

$$AB = \begin{pmatrix} a_{11}b_{11} + a_{12}b_{21} + a_{13}b_{31} & a_{11}b_{12} + a_{12}b_{22} + a_{13}b_{32} \\ a_{21}b_{11} + a_{22}b_{21} + a_{23}b_{31} & a_{21}b_{12} + a_{22}b_{22} + a_{23}b_{32} \end{pmatrix}$$

例 3 $\begin{pmatrix} 2 & 0 & -4 \\ -3 & 1 & 2 \end{pmatrix}\begin{pmatrix} 5 & 7 \\ 0 & 3 \\ -1 & 4 \end{pmatrix} = \begin{pmatrix} 14 & -2 \\ -17 & -10 \end{pmatrix}$

m 次の行ベクトル $(a_1 \quad a_2 \quad \cdots \quad a_m)$ と m 次の列ベクトル $\begin{pmatrix} b_1 \\ b_2 \\ \vdots \\ b_m \end{pmatrix}$ の積も (1) と同様に定める.

一般に, A を $l \times m$ 行列, B を $m \times n$ 行列とするとき, A の m 次の第 i 行ベクトルと B の m 次の第 j 列ベクトルの積を c_{ij} $(i = 1, 2, \cdots, l,$ $j = 1, 2, \cdots, n)$ とおき, c_{ij} を $(i,\ j)$ 成分とする $l \times n$ 行列を A と B の**積**といい, AB と書く.

例 4 $\begin{pmatrix} 1 & 4 & 1 \\ 4 & 2 & 1 \end{pmatrix}\begin{pmatrix} 3 \\ 5 \\ 6 \end{pmatrix} = \begin{pmatrix} 1\times3+4\times5+1\times6 \\ 4\times3+2\times5+1\times6 \end{pmatrix} = \begin{pmatrix} 29 \\ 28 \end{pmatrix}$

$$\begin{pmatrix} 3 & 1 \\ 4 & 9 \end{pmatrix}\begin{pmatrix} 2 & 6 & 0 \\ 8 & 5 & 7 \end{pmatrix} = \begin{pmatrix} 3\times2+1\times8 & 3\times6+1\times5 & 3\times0+1\times7 \\ 4\times2+9\times8 & 4\times6+9\times5 & 4\times0+9\times7 \end{pmatrix}$$

$$= \begin{pmatrix} 14 & 23 & 7 \\ 80 & 69 & 63 \end{pmatrix}$$

$$\begin{pmatrix} 3 \\ 4 \end{pmatrix}(1 \quad 2) = \begin{pmatrix} 3\times1 & 3\times2 \\ 4\times1 & 4\times2 \end{pmatrix} = \begin{pmatrix} 3 & 6 \\ 4 & 8 \end{pmatrix}$$

●**注**…… $(1 \quad 2 \quad 3)\begin{pmatrix} 4 \\ 5 \end{pmatrix}$ のように, 行列 A の列の数と行列 B の行の数が一致しないときは, 積 AB は考えない.

例 5　$A=\begin{pmatrix} a_{11} & a_{12} \\ a_{21} & a_{22} \\ a_{31} & a_{32} \end{pmatrix}$, $B=\begin{pmatrix} b_{11} & b_{12} \\ b_{21} & b_{22} \end{pmatrix}$ のとき

$$AB=\begin{pmatrix} a_{11}b_{11}+a_{12}b_{21} & a_{11}b_{12}+a_{12}b_{22} \\ a_{21}b_{11}+a_{22}b_{21} & a_{21}b_{12}+a_{22}b_{22} \\ a_{31}b_{11}+a_{32}b_{21} & a_{31}b_{12}+a_{32}b_{22} \end{pmatrix}=\begin{pmatrix} \sum a_{1k}b_{k1} & \sum a_{1k}b_{k2} \\ \sum a_{2k}b_{k1} & \sum a_{2k}b_{k2} \\ \sum a_{3k}b_{k1} & \sum a_{3k}b_{k2} \end{pmatrix}$$

ここで，$\sum$ は $\sum_{k=1}^{2}$ を略記したものである．また，k について加えることを表すとき，$\sum_{k}$ と書くこともある．

例 6　連立1次方程式 $\begin{cases} 2x+3y=6 \\ 4x+5y=7 \end{cases}$ は $\begin{pmatrix} 2 & 3 \\ 4 & 5 \end{pmatrix}\begin{pmatrix} x \\ y \end{pmatrix}=\begin{pmatrix} 6 \\ 7 \end{pmatrix}$

と表すことができる．

$A=\begin{pmatrix} 2 & 3 \\ 4 & 5 \end{pmatrix}$, $X=\begin{pmatrix} x \\ y \end{pmatrix}$, $B=\begin{pmatrix} 6 \\ 7 \end{pmatrix}$ とおくと $AX=B$ となる．

例題 2　$A=\begin{pmatrix} 4 & 6 \\ 2 & 3 \end{pmatrix}$, $B=\begin{pmatrix} 3 & -6 \\ -4 & 8 \end{pmatrix}$ のとき，AB, BA を求めよ．

解　積の定義に従って計算すると

$$AB=\begin{pmatrix} 4 & 6 \\ 2 & 3 \end{pmatrix}\begin{pmatrix} 3 & -6 \\ -4 & 8 \end{pmatrix}=\begin{pmatrix} 12-24 & -24+48 \\ 6-12 & -12+24 \end{pmatrix}=\begin{pmatrix} -12 & 24 \\ -6 & 12 \end{pmatrix}$$

$$BA=\begin{pmatrix} 3 & -6 \\ -4 & 8 \end{pmatrix}\begin{pmatrix} 4 & 6 \\ 2 & 3 \end{pmatrix}=\begin{pmatrix} 12-12 & 18-18 \\ -16+16 & -24+24 \end{pmatrix}=\begin{pmatrix} 0 & 0 \\ 0 & 0 \end{pmatrix} //$$

●**注**…… AB と BA がともに計算できる場合でも，積に関する交換法則 $AB=BA$ は一般には成立しない．

問・11 次の計算をせよ．

(1) $\begin{pmatrix} 3 & 1 \\ 4 & -2 \end{pmatrix}\begin{pmatrix} 3 & 1 \\ 2 & 5 \end{pmatrix}$　　(2) $\begin{pmatrix} 3 & 2 \\ -1 & 4 \end{pmatrix}\begin{pmatrix} -2 \\ 2 \end{pmatrix}$

(3) $\begin{pmatrix} 5 & -1 \end{pmatrix}\begin{pmatrix} 1 \\ -2 \end{pmatrix}$　　(4) $\begin{pmatrix} 1 & 1 \\ 5 & 0 \\ 1 & 4 \end{pmatrix}\begin{pmatrix} 2 & 1 & 3 \\ 0 & 5 & 0 \end{pmatrix}$

(5) $\begin{pmatrix} 2 & 1 & 3 \\ 0 & 5 & 0 \end{pmatrix}\begin{pmatrix} 1 & 1 \\ 5 & 0 \\ 1 & 4 \end{pmatrix}$　　(6) $\begin{pmatrix} 3 \\ -2 \\ 1 \end{pmatrix}\begin{pmatrix} 4 & 0 & 5 \end{pmatrix}$

行列の積について，次の演算法則が成り立つ．

●行列の積についての演算法則

A, B, C は，次の和および積が意味をもつ任意の行列とし，k を任意の数とするとき

（I） $k(AB) = (kA)B = A(kB)$

（II） $(AB)C = A(BC)$　　（結合法則）

（III） $A(B + C) = AB + AC$

$(A + B)C = AC + BC$　　（分配法則）

証明 （II） $A = (a_{ij})$, $B = (b_{ij})$, $C = (c_{ij})$ とし，さらに $AB = (\alpha_{ij})$, $BC = (\beta_{ij})$ とおくと，$(AB)C$ と $A(BC)$ の $(i,\ j)$ 成分はそれぞれ

$$\sum_k \alpha_{ik} c_{kj}\ ,\quad \sum_m a_{im} \beta_{mj}$$

である．これに

$$\alpha_{ik} = \sum_m a_{im} b_{mk}\ ,\quad \beta_{mj} = \sum_k b_{mk} c_{kj}$$

を代入する．

$(AB)C$ の $(i,\ j)$ 成分は

$$\sum_k \alpha_{ik} c_{kj} = \sum_k \left(\sum_m a_{im} b_{mk} \right) c_{kj} = \sum_k \sum_m a_{im} b_{mk} c_{kj} \tag{2}$$

$A(BC)$ の $(i,\ j)$ 成分は

$$\sum_m a_{im} \beta_{mj} = \sum_m a_{im} \left(\sum_k b_{mk} c_{kj} \right) = \sum_m \sum_k a_{im} b_{mk} c_{kj} \tag{3}$$

(2), (3) の右辺は $a_{im} b_{mk} c_{kj}$ をすべての m と k について加えた和に等しく，したがって $(AB)C$ と $A(BC)$ の $(i,\ j)$ 成分は等しい．

よって，$(AB)C = A(BC)$ であり，(II)が成り立つ． //

●注……結合法則(II)が成り立つから，$(AB)C$, $A(BC)$ を単に ABC と書く．

問・12 A が 3×2 行列，B, C がいずれも 2×2 行列のとき，(I)および(III)の第1式が成り立つことを証明せよ．

例題 3 任意の行列 A に対して次の等式が成り立つことを証明せよ．

$$\boldsymbol{AE = A},\ \ \boldsymbol{EA = A}$$

ただし，E はそれぞれの積が意味をもつ単位行列とする．

解 $A = (a_{ij})$ が 2×3 行列の場合を示すが，一般の場合も同様である．

$$AE = \begin{pmatrix} a_{11} & a_{12} & a_{13} \\ a_{21} & a_{22} & a_{23} \end{pmatrix} \begin{pmatrix} 1 & 0 & 0 \\ 0 & 1 & 0 \\ 0 & 0 & 1 \end{pmatrix} = \begin{pmatrix} a_{11} & a_{12} & a_{13} \\ a_{21} & a_{22} & a_{23} \end{pmatrix} = A$$

$$EA = \begin{pmatrix} 1 & 0 \\ 0 & 1 \end{pmatrix} \begin{pmatrix} a_{11} & a_{12} & a_{13} \\ a_{21} & a_{22} & a_{23} \end{pmatrix} = \begin{pmatrix} a_{11} & a_{12} & a_{13} \\ a_{21} & a_{22} & a_{23} \end{pmatrix} = A \quad //$$

正方行列 A に対して

$$A^1 = A,\ \ A^2 = AA,\ \ A^3 = A^2 A,\ \ \cdots,\ \ A^n = A^{n-1} A$$

として，A の累乗を定義する．特に，$A \neq O$ のとき $A^0 = E$ とする．

例題 4 $A=\begin{pmatrix}1&1\\2&3\end{pmatrix}$ のとき，A^2, A^3 を求めよ．

解 $A^2=\begin{pmatrix}1&1\\2&3\end{pmatrix}\begin{pmatrix}1&1\\2&3\end{pmatrix}=\begin{pmatrix}3&4\\8&11\end{pmatrix}$

$A^3=\begin{pmatrix}3&4\\8&11\end{pmatrix}\begin{pmatrix}1&1\\2&3\end{pmatrix}=\begin{pmatrix}11&15\\30&41\end{pmatrix}$ //

問・13 $J=\begin{pmatrix}1&0\\0&-1\end{pmatrix}$，$K=\begin{pmatrix}0&1\\1&0\end{pmatrix}$，$L=\begin{pmatrix}0&-1\\1&0\end{pmatrix}$ のとき，次の等式を証明せよ．ただし，E は 2 次の単位行列とする．

(1) $J^2=K^2=-L^2=E$　　(2) $LJ=-JL=K$

(3) $KJ=-JK=L$　　(4) $KL=-LK=J$

問・14 $A=\begin{pmatrix}2&4\\3&-2\end{pmatrix}$，$B=\begin{pmatrix}4&1\\0&-1\end{pmatrix}$ のとき，次の計算をせよ．

(1) A^2-B^2　　(2) $(A+B)(A-B)$

任意の行列 A, B に対し，次の等式が成り立つ．

$$AO=O,\ OB=O \qquad (O\text{ は積が意味をもつ型の零行列})$$

したがって，$A=O$ または $B=O$ ならば，$AB=O$ である．

しかし，行列においては，$AB=O$ であっても，$A=O$ または $B=O$ であるとは限らない．すなわち，$A\neq O$, $B\neq O$ であっても，$AB=O$ となることがある．このような A, B を**零因子**という．

例 7 $\begin{pmatrix}2&6\\1&3\end{pmatrix}\begin{pmatrix}3&-3\\-1&1\end{pmatrix}=\begin{pmatrix}0&0\\0&0\end{pmatrix}$ より $\begin{pmatrix}2&6\\1&3\end{pmatrix}$，$\begin{pmatrix}3&-3\\-1&1\end{pmatrix}$ は零因子である．

問・15 $A=\begin{pmatrix} 0 & 1 \\ 0 & 0 \end{pmatrix}$，$B=\begin{pmatrix} 0 & 3 \\ 0 & 0 \end{pmatrix}$ のとき，$A^2=B^2=AB=O$ であることを証明せよ．

問・16 $AB=AC,\ A\neq O$ であっても $B=C$ とは限らないことを，次の行列について確かめよ．

$$A=\begin{pmatrix} 2 & 1 \\ 4 & 2 \end{pmatrix},\quad B=\begin{pmatrix} 1 & 0 \\ 0 & 3 \end{pmatrix},\quad C=\begin{pmatrix} 0 & 0 \\ 2 & 3 \end{pmatrix}$$

問・17 $A=\begin{pmatrix} a & b \\ c & 0 \end{pmatrix}$ のとき，$A^2=O$ となるための条件を求めよ．

1 4 転置行列

$m\times n$ 行列 A に対して，その行と列を入れ換えてできる $n\times m$ 行列を A の**転置行列**といい，${}^tA$ で表す．例えば

$$A=\begin{pmatrix} a_{11} & a_{12} & a_{13} \\ a_{21} & a_{22} & a_{23} \end{pmatrix} \text{ のとき } {}^tA=\begin{pmatrix} a_{11} & a_{21} \\ a_{12} & a_{22} \\ a_{13} & a_{23} \end{pmatrix}$$

問・18 次の行列 $A,\ B,\ C,\ D,\ E,\ F$ の転置行列をつくれ．

$$A=\begin{pmatrix} 2 & -3 & -6 \\ 5 & 4 & -1 \end{pmatrix},\ B=\begin{pmatrix} 3 & -6 & -5 \\ 4 & 1 & 0 \\ -1 & -6 & 0 \end{pmatrix},\ C=\begin{pmatrix} 0 & 6 & 2 \\ -6 & 0 & -5 \\ -2 & 5 & 0 \end{pmatrix},$$

$$D=\begin{pmatrix} 1 \\ -4 \\ 5 \end{pmatrix},\ E=\begin{pmatrix} 1 & 0 & 0 \\ 0 & 1 & 0 \\ 0 & 0 & 1 \end{pmatrix},\ F=\begin{pmatrix} 4 & 3 & 5 \end{pmatrix}$$

転置行列について，次の性質が成り立つ．

●転置行列の性質

行列 A, B について

(I) ${}^t({}^tA) = A$

(II) ${}^t(kA) = k\,{}^tA$ （k は任意の数）

(III) A, B が同じ型の行列のとき ${}^t(A+B) = {}^tA + {}^tB$

(IV) 積 AB が意味をもつとき ${}^t(AB) = {}^tB\,{}^tA$

証明 A が 2×3 行列，B が 3×2 行列の場合に，(IV)を証明する．

$$A = \begin{pmatrix} a_{11} & a_{12} & a_{13} \\ a_{21} & a_{22} & a_{23} \end{pmatrix},\quad B = \begin{pmatrix} b_{11} & b_{12} \\ b_{21} & b_{22} \\ b_{31} & b_{32} \end{pmatrix}$$ とする．

$$AB = \begin{pmatrix} a_{11} & a_{12} & a_{13} \\ a_{21} & a_{22} & a_{23} \end{pmatrix}\begin{pmatrix} b_{11} & b_{12} \\ b_{21} & b_{22} \\ b_{31} & b_{32} \end{pmatrix} = \begin{pmatrix} \sum a_{1k}b_{k1} & \sum a_{1k}b_{k2} \\ \sum a_{2k}b_{k1} & \sum a_{2k}b_{k2} \end{pmatrix}$$

$${}^tB\,{}^tA = \begin{pmatrix} b_{11} & b_{21} & b_{31} \\ b_{12} & b_{22} & b_{32} \end{pmatrix}\begin{pmatrix} a_{11} & a_{21} \\ a_{12} & a_{22} \\ a_{13} & a_{23} \end{pmatrix} = \begin{pmatrix} \sum b_{k1}a_{1k} & \sum b_{k1}a_{2k} \\ \sum b_{k2}a_{1k} & \sum b_{k2}a_{2k} \end{pmatrix}$$

したがって ${}^t(AB) = {}^tB\,{}^tA$ //

●注…… ${}^t(AB) = {}^tA\,{}^tB$ ではないことに注意する．

問・19 A, B が 2×3 行列の場合に，(I)，(II)，(III)を証明せよ．

問・20 $A = \begin{pmatrix} 4 & -2 \\ 0 & 3 \end{pmatrix}, B = \begin{pmatrix} -2 & 3 \\ 1 & 4 \end{pmatrix}$ のとき，${}^t(AB)$，${}^t(BA)$，${}^tA\,{}^tB$，${}^tB\,{}^tA$ を計算せよ．

${}^tA = A$ を満たす正方行列 A を**対称行列**, ${}^tA = -A$ を満たす正方行列 A を**交代行列**という. 対角行列は対称行列である.

例 8 $\begin{pmatrix} 1 & 4 \\ 4 & 2 \end{pmatrix}$, $\begin{pmatrix} 2 & 3 & -1 \\ 3 & -3 & 4 \\ -1 & 4 & -5 \end{pmatrix}$ は対称行列である.

$\begin{pmatrix} 0 & -2 \\ 2 & 0 \end{pmatrix}$, $\begin{pmatrix} 0 & 3 & -1 \\ -3 & 0 & 4 \\ 1 & -4 & 0 \end{pmatrix}$ は交代行列である.

●注… A が対称行列の場合は $a_{ji} = a_{ij}$, A が交代行列の場合は $a_{ji} = -a_{ij}$ である. 特に, 交代行列の対角成分 a_{ii} は 0 である.

問・21 2次の正方行列 $A = \begin{pmatrix} a & b \\ c & d \end{pmatrix}$ について, 次の問いに答えよ.

(1) A が対称行列であるための条件を求めよ.

(2) A が交代行列であるための条件を求めよ.

例題 5 A が正方行列であるとき, 次のことを証明せよ.

(1) $A + {}^tA$ は対称行列である.

(2) $A - {}^tA$ は交代行列である.

解 (1) ${}^t(A + {}^tA) = {}^tA + {}^t({}^tA) = {}^tA + A = A + {}^tA$

よって, $A + {}^tA$ は対称行列である.

(2) ${}^t(A - {}^tA) = {}^tA - {}^t({}^tA) = {}^tA - A = -(A - {}^tA)$

よって, $A - {}^tA$ は交代行列である. //

問・22 正方行列 A, B と任意の数 k, l に対して次のことを証明せよ.

(1) A, B が対称行列ならば, $kA + lB$ も対称行列である.

(2) A, B が交代行列ならば, $kA + lB$ も交代行列である.

1 5 逆行列

n 次の正方行列 A と n 次の単位行列 E に対して

$$AX = E,\ XA = E \tag{1}$$

を同時に満たす正方行列 X があるとき，この X を A の**逆行列**という．

このとき，Y も A の逆行列であるとすると

$$AY = E,\ YA = E \tag{2}$$

(1), (2) と単位行列の性質より

$$X = XE = X(AY) = (XA)Y = EY = Y$$

したがって，A の逆行列は存在すれば一通りに定まる．これを A^{-1} で表す．

(1) から

$$\boldsymbol{A^{-1}A = AA^{-1} = E} \tag{3}$$

A の逆行列が存在するとき，A は**正則**であるという．

また，(3) より，A^{-1} の逆行列は A である．すなわち

$$\boldsymbol{\left(A^{-1}\right)^{-1} = A}$$

例 9 $A = \begin{pmatrix} 2 & -1 \\ -1 & 1 \end{pmatrix}$，$X = \begin{pmatrix} 1 & 1 \\ 1 & 2 \end{pmatrix}$ のとき

$$AX = \begin{pmatrix} 2 & -1 \\ -1 & 1 \end{pmatrix}\begin{pmatrix} 1 & 1 \\ 1 & 2 \end{pmatrix} = \begin{pmatrix} 1 & 0 \\ 0 & 1 \end{pmatrix} = E$$

同様に，$XA = E$ が成り立つから A は正則で，$A^{-1} = \begin{pmatrix} 1 & 1 \\ 1 & 2 \end{pmatrix}$

2 次の正方行列 $A = \begin{pmatrix} a & b \\ c & d \end{pmatrix}$ の逆行列を求めよう．

行列 $X = \begin{pmatrix} x & y \\ z & w \end{pmatrix}$ が $AX = E$ を満たすとすると

$$AX = \begin{pmatrix} ax + bz & ay + bw \\ cx + dz & cy + dw \end{pmatrix} = \begin{pmatrix} 1 & 0 \\ 0 & 1 \end{pmatrix} \tag{4}$$

成分を比較して

$$\begin{cases} ax+bz=1 \\ cx+dz=0 \end{cases} \qquad \begin{cases} ay+bw=0 \\ cy+dw=1 \end{cases}$$

これらを連立すると

$$\begin{cases} (ad-bc)x=d \\ (ad-bc)z=-c \end{cases} \qquad \begin{cases} (ad-bc)y=-b \\ (ad-bc)w=a \end{cases} \tag{5}$$

(i) $ad-bc \neq 0$ のとき

$$x=\frac{d}{ad-bc}, \quad y=\frac{-b}{ad-bc}$$

$$z=\frac{-c}{ad-bc}, \quad w=\frac{a}{ad-bc}$$

よって

$$X=\frac{1}{ad-bc}\begin{pmatrix} d & -b \\ -c & a \end{pmatrix} \tag{6}$$

X をこのように定めると　$AX=E$

また

$$XA=\frac{1}{ad-bc}\begin{pmatrix} d & -b \\ -c & a \end{pmatrix}\begin{pmatrix} a & b \\ c & d \end{pmatrix}=\begin{pmatrix} 1 & 0 \\ 0 & 1 \end{pmatrix}=E$$

したがって，X は A の逆行列である．

(ii) $ad-bc=0$ のとき

(5) から $a=b=c=d=0$ となり，(4) が成り立たない．

よって，この場合は A の逆行列は存在しない．

(i), (ii) より

$$A \text{ は正則である} \iff ad-bc \neq 0$$

このとき，逆行列は (6) で求められる．

以上をまとめると，次のようになる．

● 2次の正方行列の逆行列

2次の正方行列 $A=\begin{pmatrix} a & b \\ c & d \end{pmatrix}$ が正則であるための必要十分条件は

$ad-bc \neq 0$

このとき，A の逆行列は　$A^{-1}=\dfrac{1}{ad-bc}\begin{pmatrix} d & -b \\ -c & a \end{pmatrix}$

例 10　$A=\begin{pmatrix} 3 & 1 \\ 2 & 5 \end{pmatrix}$ について　$3\times5-1\times2=13\neq0$

よって，A は正則で

$$A^{-1}=\frac{1}{13}\begin{pmatrix} 5 & -1 \\ -2 & 3 \end{pmatrix}$$

$B=\begin{pmatrix} 2 & -4 \\ 3 & -6 \end{pmatrix}$ について　$2\times(-6)-(-4)\times3=0$

よって，B は正則でない．

問・23　次の行列は正則であるか．正則のときはその逆行列を求めよ．

(1) $\begin{pmatrix} 2 & -3 \\ -1 & 4 \end{pmatrix}$　　(2) $\begin{pmatrix} 2 & 1 \\ 4 & 2 \end{pmatrix}$　　(3) $\begin{pmatrix} 1 & 0 \\ 0 & 1 \end{pmatrix}$

例題 6　$A=\begin{pmatrix} -1 & 3 \\ 2 & 1 \end{pmatrix}$，$B=\begin{pmatrix} 3 \\ -1 \end{pmatrix}$，$C=(-1\ \ 2)$ のとき

(1) $AX=B$ を満たす列ベクトル X を求めよ．

(2) $YA=C$ を満たす行ベクトル Y を求めよ．

解　A は正則で　$A^{-1}=-\dfrac{1}{7}\begin{pmatrix} 1 & -3 \\ -2 & -1 \end{pmatrix}=\dfrac{1}{7}\begin{pmatrix} -1 & 3 \\ 2 & 1 \end{pmatrix}$

(1) $AX=B$ の両辺に左から A^{-1} を掛けると

$$A^{-1}AX=A^{-1}B \text{ すなわち } EX=A^{-1}B$$

$$\therefore \quad X=EX=A^{-1}B=\frac{1}{7}\begin{pmatrix}-1 & 3\\ 2 & 1\end{pmatrix}\begin{pmatrix}3\\ -1\end{pmatrix}=\frac{1}{7}\begin{pmatrix}-6\\ 5\end{pmatrix}$$

(2) $YA=C$ の両辺に右から A^{-1} を掛けると

$$YAA^{-1}=CA^{-1} \text{ すなわち } YE=CA^{-1}$$

$$\therefore \quad Y=YE=CA^{-1}=(-1 \quad 2)\frac{1}{7}\begin{pmatrix}-1 & 3\\ 2 & 1\end{pmatrix}=\frac{1}{7}(5 \quad -1) \quad //$$

問・24 $A=\begin{pmatrix}4 & 5\\ 2 & 3\end{pmatrix}$, $B=\begin{pmatrix}-1 & -5\\ 1 & -7\end{pmatrix}$ のとき，次の問いに答えよ．

(1) $AX=B$ を満たす行列 X を求めよ．

(2) $YA=B$ を満たす行列 Y を求めよ．

例題 7 同じ次数の正方行列 A, B が正則であるとき，AB も正則で

$$(\boldsymbol{AB})^{-1}=\boldsymbol{B}^{-1}\boldsymbol{A}^{-1}$$

であることを証明せよ．

解 仮定より，A^{-1}, B^{-1} が存在する．

このとき

$$(AB)(B^{-1}A^{-1})=A(BB^{-1})A^{-1}=AEA^{-1}=AA^{-1}=E$$

$$(B^{-1}A^{-1})(AB)=B^{-1}(A^{-1}A)B=B^{-1}EB=B^{-1}B=E$$

したがって，AB は正則であり，その逆行列は $B^{-1}A^{-1}$ である． //

●**注**…… $(AB)^{-1}=A^{-1}B^{-1}$ は一般には成り立たない．

問・25 $A=\begin{pmatrix}1 & 1\\ 2 & 3\end{pmatrix}$, $B=\begin{pmatrix}5 & 2\\ 3 & 1\end{pmatrix}$ のとき，次の行列を求めよ．

(1) $(AB)^{-1}$　　(2) $B^{-1}A^{-1}$　　(3) $A^{-1}B^{-1}$

練習問題 1・A

1. $A = \begin{pmatrix} 6 & 2 & 5 \\ 4 & 7 & -1 \end{pmatrix}$, $B = \begin{pmatrix} 3 & 4 & -3 \\ 4 & 1 & 6 \end{pmatrix}$, $C = \begin{pmatrix} 4 & 8 & 7 \\ 1 & 3 & 2 \end{pmatrix}$ のとき，次の計算をせよ．

(1) $2A + B - 3C$　　(2) $A - 3B + 2C$

2. $A = \begin{pmatrix} 1 & 4 \\ 3 & 6 \\ 2 & 6 \end{pmatrix}$, $B = \begin{pmatrix} 5 & 1 \\ -3 & 1 \\ 1 & 4 \end{pmatrix}$ のとき，次の等式を満たす行列 X を求めよ．

(1) $3X + 2B = X + 6A$　　(2) $X + 5A + 2B = 3(X + 3A)$

3. 次の行列の積を求めよ．

(1) $\begin{pmatrix} 4 & 3 & 0 \\ 1 & -1 & -2 \\ -2 & 2 & 1 \end{pmatrix} \begin{pmatrix} 0 & 4 & 0 \\ 1 & 3 & 4 \\ 4 & 0 & 1 \end{pmatrix}$　　(2) $\begin{pmatrix} 8 & 4 \\ 1 & -5 \\ 4 & -1 \end{pmatrix} \begin{pmatrix} 3 & 0 & 1 \\ 5 & 4 & 5 \end{pmatrix}$

4. 次の行列は正則であるか．正則であるときは，その逆行列を求めよ．

(1) $A = \begin{pmatrix} 3 & -2 \\ -9 & 6 \end{pmatrix}$　　(2) $B = \begin{pmatrix} 1 & 5 \\ 2 & 7 \end{pmatrix}$

5. 行列 $\begin{pmatrix} a & -2 \\ 6 & 4 \end{pmatrix}$ が正則であるための条件を求め，逆行列を求めよ．

6. $\begin{pmatrix} 4 & 5 \\ 3 & 4 \end{pmatrix} A \begin{pmatrix} 0 & 1 \\ 1 & -2 \end{pmatrix} = \begin{pmatrix} 2 & -4 \\ 1 & 0 \end{pmatrix}$ を満たす正方行列 A を求めよ．

7. 同じ次数の正方行列 A, B に対して，$(A + B)(A - B) = A^2 - B^2$ が成り立つための条件を求めよ．

練習問題 1・B

1. 次の等式を満たす2次の正方行列 X を求めよ.

$$X^2 = \begin{pmatrix} 1 & 0 \\ 0 & 4 \end{pmatrix}$$

2. 行列 $A = \begin{pmatrix} 1 & a \\ b & c \end{pmatrix}$ について，次の問いに答えよ．ただし，a, b, c は正の整数とする.

(1) $A^2 = 3A$ が成り立つように，a, b, c の値を定めよ.

(2) (1) のとき，A^n を n および A で表せ．(ただし，n は正の整数)

3. $A(\theta) = \begin{pmatrix} \cos\theta & -\sin\theta \\ \sin\theta & \cos\theta \end{pmatrix}$ とおくとき，次の等式を説明せよ.

(1) $A(\theta)^{-1} = A(-\theta)$

(2) $A(\alpha + \beta) = A(\alpha)A(\beta)$

4. A が正則な行列のとき，${}^tA$ も正則で

$$({}^tA)^{-1} = {}^t(A^{-1})$$

であることを証明せよ.

5. n を正の整数とするとき，$A^n = O$ を満たす行列 A は正則でないことを証明せよ.

6. ある正の整数 n に対して $A^n = O$ を満たす行列 A について，次の問いに答えよ.

(1) $(E - A)(E + A + A^2 + \cdots + A^{n-1})$ を計算して簡単にせよ.

(2) $(E + A + A^2 + \cdots + A^{n-1})(E - A)$ を計算して簡単にせよ.

(3) $E - A$ は正則であることを証明し，その逆行列を求めよ.

連立 1 次方程式と行列

2 1 消去法

次の連立 1 次方程式を解くことを考えよう．

$$\begin{cases} 3x+y-7z=0 & ① \\ 4x-y-\ \ z=5 & ② \\ \ \ x-y+2z=2 & ③ \end{cases} \qquad (1)$$

①，③を入れ換えると

$$\begin{cases} \ \ x-y+2z=2 & ④ \\ 4x-y-\ \ z=5 & ⑤ \\ 3x+y-7z=0 & ⑥ \end{cases} \qquad (2)$$

⑤+④×(−4)，⑥+④×(−3) により，⑤，⑥から x を消去すると，次の連立方程式が得られる．

$$\begin{cases} x-y+\ \ 2z=2 & ⑦ \\ \ \ \ \ 3y-\ \ 9z=-3 & ⑧ \\ \ \ \ \ 4y-13z=-6 & ⑨ \end{cases} \qquad (3)$$

(3) は (1) より得られたが，逆に (3) ならば，⑧+⑦×4 により⑤，⑨+⑦×3 より⑥となり，(3) から (1) を得ることができる．これにより，(1) の解は (3) の解に一致する．

次に (3) において，⑨+⑧×$\left(-\dfrac{4}{3}\right)$ により⑨から y を消去し，さらに⑧×$\dfrac{1}{3}$ より，次の連立方程式が得られる．

$$\begin{cases} x-y+2z=2 & ⑩ \\ \ \ \ \ \ \ y-3z=-1 & ⑪ \\ \ \ \ \ \ \ \ \ \ \ -z=-2 & ⑫ \end{cases} \qquad (4)$$

(4) から解は容易に求められる．すなわち，⑫から $z=2$ となり，これを⑪に代入すると $y=5$，さらにこれらを⑩に代入すると $x=3$ となる．

このようにして，連立1次方程式 (1) の解 $x = 3,\ y = 5,\ z = 2$ が求められる．この解法は，与えられた連立1次方程式に次の3つの操作を繰り返し行い，同じ解をもつ簡単な連立方程式に変形していく方法である．

(i)　1つの方程式に0でない数を掛ける（割る）．

(ii)　1つの方程式にある数を掛けたものを他の方程式に加える（減ずる）．

(iii)　2つの方程式を入れ換える．

このような解法を**ガウスの消去法**という．以後，単に**消去法**という．

この例で行った計算では，方程式の係数と右辺の値だけに注目しており，連立方程式 (1) において，変数 x, y, z と等号を省略すると，次の行列が得られる．

$$\left(\begin{array}{ccc|c} 3 & 1 & -7 & 0 \\ 4 & -1 & -1 & 5 \\ 1 & -1 & 2 & 2 \end{array}\right) \tag{5}$$

ここで，(1) の左辺の係数からなる行列を A，右辺の定数項からなる列ベクトルを $\vec{b}$ とすると

$$A = \begin{pmatrix} 3 & 1 & -7 \\ 4 & -1 & -1 \\ 1 & -1 & 2 \end{pmatrix},\quad \vec{b} = \begin{pmatrix} 0 \\ 5 \\ 2 \end{pmatrix}$$

A を (1) の**係数行列**という．(5) の行列は，A と $\vec{b}$ を並べたものであり，(1) の**拡大係数行列**という．

また，消去法により得られた (4) の係数行列は

$$\begin{pmatrix} 1 & -1 & 2 \\ 0 & 1 & -3 \\ 0 & 0 & -1 \end{pmatrix}$$

このように行列の対角成分より下の部分にある成分がすべて0である行列を**上三角行列**という．

消去法は，拡大係数行列の行に次の 3 つの操作を施し，係数行列を上三角行列に変形することによって解を求める方法である．

(I) 1 つの行に 0 でない数を掛ける（割る）．

(II) 1 つの行にある数を掛けたものを他の行に加える（減ずる）．

(III) 2 つの行を入れ換える．

これらの操作は，(i)～(iii) の操作における「方程式」を「行」に読み換えたものであり，行列に対する**行基本変形**という．

例題 1 次の連立 1 次方程式を消去法で解け．

$$\begin{cases} 2x + y - 5z = -1 \\ x - y + z = 0 \\ 3x - 6y + 2z = -7 \end{cases}$$

解 拡大係数行列を次のように変形する．ただし，この変形は等式の変形ではないから，等号ではなく矢印を使用する．

$$\left(\begin{array}{ccc|c} 2 & 1 & -5 & -1 \\ 1 & -1 & 1 & 0 \\ 3 & -6 & 2 & -7 \end{array}\right)$$

$$\xrightarrow[\text{(1,1) 成分を 1 にする}]{\text{1 行と 2 行の入れ換え (III)}} \left(\begin{array}{ccc|c} 1 & -1 & 1 & 0 \\ 2 & 1 & -5 & -1 \\ 3 & -6 & 2 & -7 \end{array}\right)$$

$$\xrightarrow{\substack{\text{2 行} - \text{1 行} \times 2 \\ \text{3 行} - \text{1 行} \times 3}\ \text{(II)}} \left(\begin{array}{ccc|c} 1 & -1 & 1 & 0 \\ 0 & 3 & -7 & -1 \\ 0 & -3 & -1 & -7 \end{array}\right)$$

$$\xrightarrow{\text{3 行+2 行} \times 1 \ \text{(II)}} \left(\begin{array}{ccc|c} 1 & -1 & 1 & 0 \\ 0 & 3 & -7 & -1 \\ 0 & 0 & -8 & -8 \end{array}\right)$$

$$\xrightarrow{2\text{行}\times\frac{1}{3},\ 3\text{行}\times\left(-\frac{1}{8}\right)\quad(1)} \left(\begin{array}{ccc|c} 1 & -1 & 1 & 0 \\ 0 & 1 & -\frac{7}{3} & -\frac{1}{3} \\ 0 & 0 & 1 & 1 \end{array}\right)$$

これを方程式に戻すと

$$\begin{cases} x - y + \quad z = \quad 0 & ① \\ \qquad y - \frac{7}{3}z = -\frac{1}{3} & ② \\ \qquad\qquad z = \quad 1 & ③ \end{cases}$$

③の $z=1$ を②に代入して $y=2$, さらに $y=2$, $z=1$ を①に代入して $x=1$ を得るから　$x=1,\ y=2,\ z=1$　//

問・1 次の連立1次方程式を消去法で解け.

(1) $\begin{cases} x + 3y = 2 \\ 2x + 7y = 7 \end{cases}$　(2) $\begin{cases} x + \ y - \ z = -2 \\ x + 2y - 3z = -11 \\ 3x + 3y - \ z = 2 \end{cases}$

例題 2 次の連立1次方程式を消去法で解け.

(1) $\begin{cases} x \qquad + 3z = 1 \\ 2x + 3y + 4z = 3 \\ x + 3y + \ z = 2 \end{cases}$　(2) $\begin{cases} x \qquad + 3z = 1 \\ 2x + 3y + 4z = 3 \\ x + 3y + \ z = 3 \end{cases}$

解

(1) $\left(\begin{array}{ccc|c} 1 & 0 & 3 & 1 \\ 2 & 3 & 4 & 3 \\ 1 & 3 & 1 & 2 \end{array}\right) \longrightarrow \left(\begin{array}{ccc|c} 1 & 0 & 3 & 1 \\ 0 & 3 & -2 & 1 \\ 0 & 3 & -2 & 1 \end{array}\right) \longrightarrow \left(\begin{array}{ccc|c} 1 & 0 & 3 & 1 \\ 0 & 3 & -2 & 1 \\ 0 & 0 & 0 & 0 \end{array}\right)$

最後の行列を連立方程式に戻すと

$$\begin{cases} x \qquad + 3z = 1 \\ \quad 3y - 2z = 1 \\ 0x + 0y + 0z = 0 \end{cases}$$

第 3 式は，どのような x, y, z に対しても成り立つから，省いてよい．

これより

$$\begin{cases} x \qquad + 3z = 1 \\ \qquad 3y - 2z = 1 \end{cases}$$

この方程式は未知数が 3 個で式が 2 個である．$z = t$ とおいて，x, y を求めると

$$y = \frac{2}{3}t + \frac{1}{3}, \quad x = -3t + 1$$

以上より，求める解は

$$\begin{cases} x = -3t + 1 \\ y = \dfrac{2}{3}t + \dfrac{1}{3} \qquad (t \text{ は任意の数}) \\ z = t \end{cases}$$

(2) $\left(\begin{array}{ccc|c} 1 & 0 & 3 & 1 \\ 2 & 3 & 4 & 3 \\ 1 & 3 & 1 & 3 \end{array}\right) \longrightarrow \left(\begin{array}{ccc|c} 1 & 0 & 3 & 1 \\ 0 & 3 & -2 & 1 \\ 0 & 3 & -2 & 2 \end{array}\right) \longrightarrow \left(\begin{array}{ccc|c} 1 & 0 & 3 & 1 \\ 0 & 3 & -2 & 1 \\ 0 & 0 & 0 & 1 \end{array}\right)$

最後の行列を連立方程式に戻すと

$$\begin{cases} x \qquad + 3z = 1 \\ \qquad 3y - 2z = 1 \\ 0x + 0y + 0z = 1 \end{cases}$$

第 3 式は，どのような x, y, z に対しても成り立たない．したがって，この連立方程式は解をもたない． //

●注…… (1) の解で t は任意の値をとることができるから，解は無数にある．

問・2 次の連立 1 次方程式を消去法で解け．

(1) $\begin{cases} x + 3y = 2 \\ 2x + 6y = 4 \end{cases}$

(2) $\begin{cases} x + 5y + 7z = 4 \\ x + 6y + 8z = 1 \\ -x - y - 3z = -2 \end{cases}$

2 逆行列と連立1次方程式

行基本変形を用いて逆行列を求める方法がある．その考え方を2次の正方行列の場合について示そう．

$A = \begin{pmatrix} a & b \\ c & d \end{pmatrix}$ の逆行列を $X = \begin{pmatrix} x & y \\ z & w \end{pmatrix}$ とおくと，$AX = E$ より

$$\text{(i)} \quad \begin{cases} ax + bz = 1 \\ cx + dz = 0 \end{cases} \qquad \text{(ii)} \quad \begin{cases} ay + bw = 0 \\ cy + dw = 1 \end{cases}$$

連立1次方程式 (i), (ii) は，係数行列は等しく，定数項だけが異なる．ここで拡大係数行列の作り方と同じように，定数項からなる2つの列ベクトルを並べて係数行列の右に置き，一度に解くことを考える．

$$\overset{A \qquad\quad E}{\left(\begin{array}{cc|cc} a & b & 1 & 0 \\ c & d & 0 & 1 \end{array}\right)} \tag{1}$$

この行列に対し，行基本変形を施し，A を単位行列にできたとする．

$$\left(\begin{array}{cc|cc} 1 & 0 & \alpha & \beta \\ 0 & 1 & \gamma & \delta \end{array}\right) \tag{2}$$

このとき，$x = \alpha$, $z = \gamma$ と $y = \beta$, $w = \delta$ がそれぞれ (i) (ii) の解になる．

すなわち，$X = \begin{pmatrix} \alpha & \beta \\ \gamma & \delta \end{pmatrix}$ である．

また，(2) の左側と右側を入れ換えてできる行列

$$\left(\begin{array}{cc|cc} \alpha & \beta & 1 & 0 \\ \gamma & \delta & 0 & 1 \end{array}\right) \tag{3}$$

に (2) を求めるために施した変形を逆にたどる行基本変形を施すと，左側は E となり，右側は A となる．

$$\left(\begin{array}{cc|cc} 1 & 0 & a & b \\ 0 & 1 & c & d \end{array}\right) \tag{4}$$

(3), (4) は，$AX=E$ を満たす $X=\begin{pmatrix}\alpha & \beta \\ \gamma & \delta\end{pmatrix}$ が $XA=E$ をも満たすことを示している．すなわち，A の逆行列は $AX=E$ だけから求められる．

3 次の正方行列について，逆行列の具体的な求め方を例題として示そう．

例題 3 行列 $A=\begin{pmatrix}1 & -2 & 0 \\ 1 & 1 & -1 \\ -5 & 5 & 2\end{pmatrix}$ の逆行列を求めよ．

解

$$\overset{A\qquad\qquad E}{\left(\begin{array}{ccc|ccc}1 & -2 & 0 & 1 & 0 & 0 \\ 1 & 1 & -1 & 0 & 1 & 0 \\ -5 & 5 & 2 & 0 & 0 & 1\end{array}\right)}$$

$$\xrightarrow[\text{3 行 }+1\text{ 行 }\times 5]{\text{2 行 }-1\text{ 行 }\times 1}\left(\begin{array}{ccc|ccc}1 & -2 & 0 & 1 & 0 & 0 \\ 0 & 3 & -1 & -1 & 1 & 0 \\ 0 & -5 & 2 & 5 & 0 & 1\end{array}\right)$$

$$\xrightarrow{\text{2 行 }\times\frac{1}{3}}\left(\begin{array}{ccc|ccc}1 & -2 & 0 & 1 & 0 & 0 \\ 0 & 1 & -\frac{1}{3} & -\frac{1}{3} & \frac{1}{3} & 0 \\ 0 & -5 & 2 & 5 & 0 & 1\end{array}\right)$$

$$\xrightarrow{\text{3 行}+\text{2 行 }\times 5}\left(\begin{array}{ccc|ccc}1 & -2 & 0 & 1 & 0 & 0 \\ 0 & 1 & -\frac{1}{3} & -\frac{1}{3} & \frac{1}{3} & 0 \\ 0 & 0 & \frac{1}{3} & \frac{10}{3} & \frac{5}{3} & 1\end{array}\right)$$

$$\xrightarrow{\text{3 行 }\times 3}\left(\begin{array}{ccc|ccc}1 & -2 & 0 & 1 & 0 & 0 \\ 0 & 1 & -\frac{1}{3} & -\frac{1}{3} & \frac{1}{3} & 0 \\ 0 & 0 & 1 & 10 & 5 & 3\end{array}\right)$$

$$\xrightarrow{2\text{行}+3\text{行}\times\frac{1}{3}} \left(\begin{array}{ccc|ccc} 1 & -2 & 0 & 1 & 0 & 0 \\ 0 & 1 & 0 & 3 & 2 & 1 \\ 0 & 0 & 1 & 10 & 5 & 3 \end{array}\right)$$

$$\xrightarrow{1\text{行}+2\text{行}\times 2} \left(\begin{array}{ccc|ccc} 1 & 0 & 0 & 7 & 4 & 2 \\ 0 & 1 & 0 & 3 & 2 & 1 \\ 0 & 0 & 1 & 10 & 5 & 3 \end{array}\right)$$

したがって　$A^{-1} = \begin{pmatrix} 7 & 4 & 2 \\ 3 & 2 & 1 \\ 10 & 5 & 3 \end{pmatrix}$　//

問・3 次の行列の逆行列を求めよ.

(1) $\begin{pmatrix} 2 & 5 \\ 4 & 9 \end{pmatrix}$　(2) $\begin{pmatrix} 1 & 0 & 0 \\ 2 & 1 & 0 \\ -1 & 2 & 1 \end{pmatrix}$　(3) $\begin{pmatrix} 1 & 2 & 2 \\ -2 & -3 & 1 \\ 2 & 3 & 1 \end{pmatrix}$

逆行列を用いて連立1次方程式を解く方法を考えよう.

連立1次方程式

$$\begin{cases} a_{11}x + a_{12}y + a_{13}z = b_1 \\ a_{21}x + a_{22}y + a_{23}z = b_2 \\ a_{31}x + a_{32}y + a_{33}z = b_3 \end{cases} \tag{5}$$

は行列を用いて次のように表すことができる.

$$A\vec{x} = \vec{b} \tag{6}$$

ただし

$$A = \begin{pmatrix} a_{11} & a_{12} & a_{13} \\ a_{21} & a_{22} & a_{23} \\ a_{31} & a_{32} & a_{33} \end{pmatrix},\quad \vec{x} = \begin{pmatrix} x \\ y \\ z \end{pmatrix},\quad \vec{b} = \begin{pmatrix} b_1 \\ b_2 \\ b_3 \end{pmatrix}$$

係数行列 A が正則であるとき，(6) の両辺に左から A^{-1} を掛けて

$$A^{-1}A\vec{x} = A^{-1}\vec{b} \quad \text{すなわち} \quad \vec{x} = A^{-1}\vec{b}$$

したがって，連立方程式 (5) の解は

$$\vec{x} = A^{-1}\vec{b} \tag{7}$$

により求めることができる．

例題 4　次の連立 1 次方程式を逆行列を用いて解け．

$$\begin{cases} x - 2y \phantom{{}-z} = 1 \\ x + y - z = 2 \\ -5x + 5y + 2z = -2 \end{cases}$$

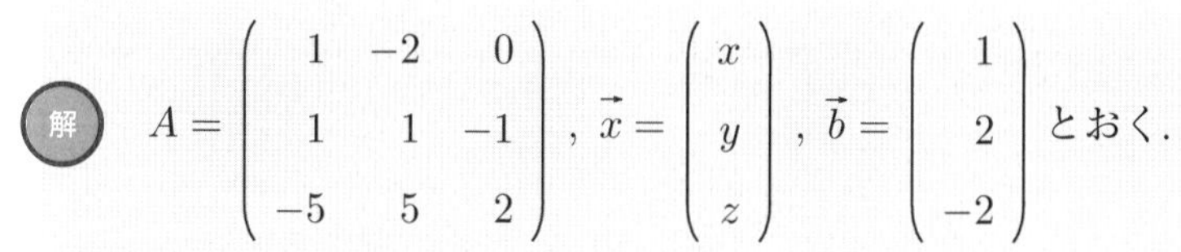

解　$A = \begin{pmatrix} 1 & -2 & 0 \\ 1 & 1 & -1 \\ -5 & 5 & 2 \end{pmatrix}$, $\vec{x} = \begin{pmatrix} x \\ y \\ z \end{pmatrix}$, $\vec{b} = \begin{pmatrix} 1 \\ 2 \\ -2 \end{pmatrix}$ とおく．

例題 3 より，A の逆行列は存在して

$$A^{-1} = \begin{pmatrix} 7 & 4 & 2 \\ 3 & 2 & 1 \\ 10 & 5 & 3 \end{pmatrix}$$

(7) より $\vec{x} = A^{-1}\vec{b}$ となるから，求める解は

$$\vec{x} = \begin{pmatrix} x \\ y \\ z \end{pmatrix} = \begin{pmatrix} 7 & 4 & 2 \\ 3 & 2 & 1 \\ 10 & 5 & 3 \end{pmatrix} \begin{pmatrix} 1 \\ 2 \\ -2 \end{pmatrix} = \begin{pmatrix} 11 \\ 5 \\ 14 \end{pmatrix}$$

//

問・4　次の連立 1 次方程式を逆行列を用いて解け．

(1) $\begin{cases} x - 2y \phantom{{}-z} = -1 \\ x + y - z = 2 \\ -5x + 5y + 2z = 0 \end{cases}$　　(2) $\begin{cases} x - 2y \phantom{{}-z} = 2 \\ x + y - z = 5 \\ -5x + 5y + 2z = 3 \end{cases}$

2 3 行列の階数

行列 A に対して消去法を行い，第1列から連続して並ぶ0の個数が下の行に行くほど増加するような行列まで変形する．ただし，すべての成分が0になる行があるときは，それ以降のすべての行の成分も0であるとする．この行列を A_R とおく．変形の方法はいろいろあるから，A_R も1通りとは限らないが，0でない成分が1つ以上ある行の個数は，A_R に関係なく定まることが知られている．この数を行列 A の**階数**といい，$\mathrm{rank}\,A$ と書く．

例 1 次の行列 A に対して，2通りの方法で消去法を行う．

$$A=\begin{pmatrix}2&2&5\\1&3&4\\0&4&3\end{pmatrix}\xrightarrow[\text{入れ換え}]{\text{1行と2行}}\begin{pmatrix}1&3&4\\2&2&5\\0&4&3\end{pmatrix}$$

$$\xrightarrow{\text{2行}-\text{1行}\times 2}\begin{pmatrix}1&3&4\\0&-4&-3\\0&4&3\end{pmatrix}\longrightarrow\begin{pmatrix}1&3&4\\0&-4&-3\\0&0&0\end{pmatrix}$$

$$A=\begin{pmatrix}2&2&5\\1&3&4\\0&4&3\end{pmatrix}\xrightarrow{\text{1行}-\text{2行}\times 1}\begin{pmatrix}1&-1&1\\1&3&4\\0&4&3\end{pmatrix}$$

$$\xrightarrow{\text{2行}-\text{1行}\times 1}\begin{pmatrix}1&-1&1\\0&4&3\\0&4&3\end{pmatrix}\longrightarrow\begin{pmatrix}1&-1&1\\0&4&3\\0&0&0\end{pmatrix}$$

どちらの方法によっても，$\mathrm{rank}\,A=2$ であることがわかる．

問・5 次の行列の階数を求めよ．

(1) $\begin{pmatrix}1&1&-1\\5&6&-3\\4&7&2\end{pmatrix}$　　(2) $\begin{pmatrix}1&1&2&-1\\2&2&4&-2\\3&3&6&-3\end{pmatrix}$

n 次正方行列 A について，A が正則であるかを階数を用いて調べよう．

76 ページの 2・2 のように，A の右側に単位行列 E を並べた行列 $(A \mid E)$ を作って消去法を行う．$\operatorname{rank} A = n$ のときは，A_R は上三角行列で対角成分がすべて 0 でない行列になるから，さらに行基本変形を施すことにより，対角成分が 1，対角成分の上側が 0 の行列，すなわち E に変形することができる．A だけに着目して変形の過程を示すと，次のようになる．

$$A \to \begin{pmatrix} * & \cdot & \cdot \\ 0 & * & \cdot \\ 0 & 0 & * \end{pmatrix} \to \begin{pmatrix} 1 & \cdot & \cdot \\ 0 & 1 & \cdot \\ 0 & 0 & 1 \end{pmatrix} \to \begin{pmatrix} 1 & 0 & 0 \\ 0 & 1 & 0 \\ 0 & 0 & 1 \end{pmatrix}$$

[$\cdot$ は何らかの数，$*$ は 0 でない数を表す]

したがって，A は逆行列をもち，正則となる．

一方，$\operatorname{rank} A < n$ のときは，$(A \mid E)$ に対して消去法を行った結果，A_R の一番下の行の成分はすべて 0 となる．$(A \mid E)$ の右側の部分については，$\operatorname{rank} E = n$ より階数は n となるから，一番下の行は次のようになる．

$$(A \mid E) \to \left(\begin{array}{ccc|ccc} \cdot & \cdot & \cdot & \cdot & \cdot & \cdot \\ 0 & \cdot & \cdot & \cdot & \cdot & \cdot \\ 0 & 0 & 0 & \bullet & \bullet & \bullet \end{array}\right)$$

[$\bullet$ は少なくとも 1 つは 0 でない数を表す]

したがって，逆行列を求めることはできず，正則ではないことがわかる．

●正則性と階数

n 次正方行列 A について　　A は正則 $\iff$ $\operatorname{rank} A = n$

問・6 次の行列は正則かどうかを調べよ．

(1) $\begin{pmatrix} 1 & 0 & 2 \\ 2 & 1 & 1 \\ -2 & -2 & 3 \end{pmatrix}$　　(2) $\begin{pmatrix} 2 & 3 & -7 \\ -4 & 1 & 7 \\ -1 & -3 & 5 \end{pmatrix}$

消去法と階数

ガウスの消去法の歴史は古く，紀元前 100 年頃に書かれたという古代中国の数学書『九章算術』で既に用いられていた．方程式という言葉の語源とされる「方程」という章の中には，3 元連立 1 次方程式

$$\begin{cases} 3x+2y+\ \ z=39 \\ 2x+3y+\ \ z=34 \\ \ \ x+2y+3z=26 \end{cases} \tag{1}$$

の問が掲げられている．その解法を現代の記法に従って述べれば，(1) の拡大係数行列に消去法を行い

$$\begin{pmatrix} 3 & 2 & 1 & 39 \\ 0 & 5 & 1 & 24 \\ 0 & 0 & 36 & 99 \end{pmatrix}$$

を得て，これから順に $z=\dfrac{99}{36}=\dfrac{11}{4}$, $y=\dfrac{17}{4}$, $x=\dfrac{37}{4}$ を求めている．

ガウスの消去法とは別に，2・2 の逆行列の求め方と同様に係数行列の部分を単位行列まで変形する方法もある．これをガウス・ジョルダンの消去法という．例えば，(1) の拡大係数行列は次の行列まで変形される．

$$\begin{pmatrix} 1 & 0 & 0 & \dfrac{37}{4} \\ 0 & 1 & 0 & \dfrac{17}{4} \\ 0 & 0 & 1 & \dfrac{11}{4} \end{pmatrix}$$

ガウス・ジョルダンの消去法では，解が右端の列にそのまま現れる利点はあるが，ガウスの消去法に比べて計算量が増大する欠点があり，コンピュータによる数値計算で用いられることは少ない．

行列の階数は，連立 1 次方程式の解の性質を調べるために重要である．例えば，拡大係数行列の階数は方程式の実質的な個数を示している．

ガウスの消去法は，階数を求めるための有効な手段でもある．

練習問題 2・A

1. 次の連立 1 次方程式を消去法で解け.

(1) $\begin{cases} 4x-2y-3z=1 \\ 3x-2y-\ \ z=-3 \\ 3x-\ \ y-4z=5 \end{cases}$　　(2) $\begin{cases} x-2y-3z=-1 \\ x+\ \ y+3z=2 \\ x+3y+7z=4 \end{cases}$

2. $A=\begin{pmatrix} 1 & 3 & 0 \\ 1 & 1 & -1 \\ -1 & 4 & 3 \end{pmatrix}$, $\vec{x}=\begin{pmatrix} x \\ y \\ z \end{pmatrix}$, $\vec{b}=\begin{pmatrix} 2 \\ 1 \\ 0 \end{pmatrix}$

のとき, 次の問いに答えよ.

(1) 連立 1 次方程式 $A\vec{x}=\vec{b}$ を消去法で解け.

(2) 逆行列 A^{-1} を行基本変形を行うことによって求めよ.

(3) 連立 1 次方程式 $A\vec{x}=\vec{b}$ を (2) で求めた逆行列を用いて解け.

3. 次の等式が成り立つような正方行列 X を求めよ.

$$\begin{pmatrix} 1 & -3 & 3 \\ 1 & -2 & 1 \\ -3 & 3 & 5 \end{pmatrix} X = \begin{pmatrix} 8 & 7 & 4 \\ 4 & 6 & 3 \\ 8 & 7 & 4 \end{pmatrix}$$

4. 次の連立 1 次方程式 について, 以下の問いに答えよ.

$$\begin{cases} x+\ \ 3y-4z=-4 \\ 4x+12y-\ \ z=14 \\ 7x+21y-9z=10 \end{cases}$$

(1) 係数行列および拡大係数行列の階数を求めよ.

(2) 連立方程式の解を求めよ.

練習問題 2・B

1. 次の行列の逆行列を求めよ．

$$\begin{pmatrix} 1 & 0 & 2 & -1 \\ -2 & 0 & 1 & -1 \\ -2 & -1 & 2 & -3 \\ 4 & 1 & -1 & 3 \end{pmatrix}$$

2. $\vec{x}_1, \vec{x}_2, \vec{x}_3$ を n 次の列ベクトルとして並べてできる行列を $\begin{pmatrix} \vec{x}_1 & \vec{x}_2 & \vec{x}_3 \end{pmatrix}$ とすると，$m \times n$ 行列 A について

$$A\begin{pmatrix} \vec{x}_1 & \vec{x}_2 & \vec{x}_3 \end{pmatrix} = \begin{pmatrix} A\vec{x}_1 & A\vec{x}_2 & A\vec{x}_3 \end{pmatrix}$$

が成り立つ．このことと消去法を用いて，次の等式を満たす行列 X を求めよ．

$$\begin{pmatrix} 1 & -4 & -1 \\ 1 & 0 & -1 \\ -2 & 0 & 3 \\ 0 & -1 & -1 \end{pmatrix} X = \begin{pmatrix} -8 & 5 & 7 \\ -4 & 1 & 3 \\ 9 & -1 & -7 \\ -2 & 0 & 2 \end{pmatrix}$$

3. 次の連立1次方程式について，以下の問いに答えよ．

$$\begin{cases} x - y + 4z + 2w = 2 \\ x \quad\;\; + \;\; z + 2w = 4 \\ 2x - y + 5z + 4w = 6 \\ x + y - 2z + 2w = 6 \end{cases}$$

(1) 係数行列および拡大係数行列の階数を求めよ．

(2) 連立方程式の解を求めよ．

3章 行列式

空間内のベクトル $\vec{a} = \begin{pmatrix} a_1 \\ a_2 \\ a_3 \end{pmatrix}$, $\vec{b} = \begin{pmatrix} b_1 \\ b_2 \\ b_3 \end{pmatrix}$, $\vec{c} = \begin{pmatrix} c_1 \\ c_2 \\ c_3 \end{pmatrix}$ について

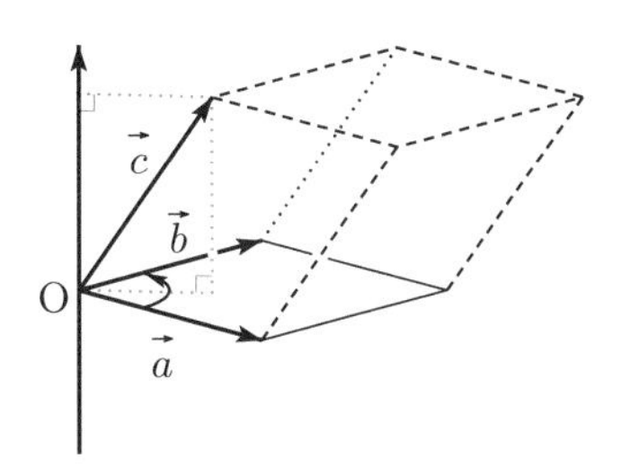

$$\begin{vmatrix} a_1 & b_1 & c_1 \\ a_2 & b_2 & c_2 \\ a_3 & b_3 & c_3 \end{vmatrix} > 0$$

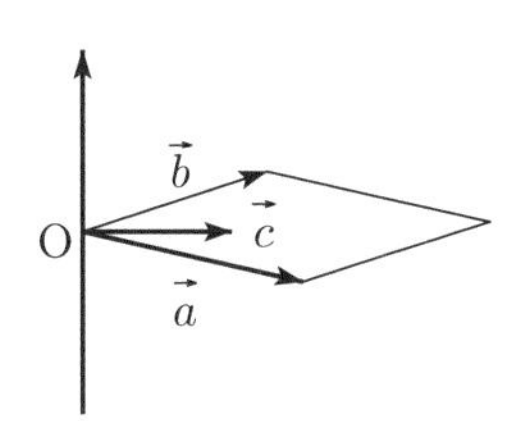

$$\begin{vmatrix} a_1 & b_1 & c_1 \\ a_2 & b_2 & c_2 \\ a_3 & b_3 & c_3 \end{vmatrix} = 0$$

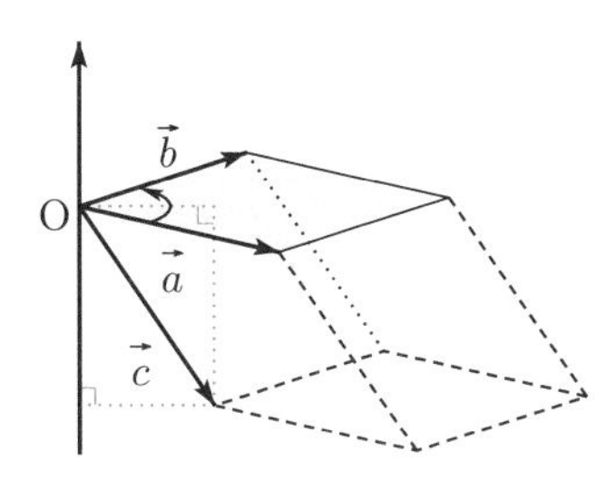

$$\begin{vmatrix} a_1 & b_1 & c_1 \\ a_2 & b_2 & c_2 \\ a_3 & b_3 & c_3 \end{vmatrix} < 0$$

●この章を学ぶために

2章の67ページで学んだように，2次の正方行列 $A = \begin{pmatrix} a & b \\ c & d \end{pmatrix}$ が正則であるための必要十分条件は $ad - bc \neq 0$ であった．この $ad - bc$ を A の行列式という．一般の n 次正方行列についても，それが正則であるための条件を与える行列式が定義されるが，n が大きくなると煩雑な式になる．しかし，行列式は計算に役立ついろいろな性質をもち，また図形的な意味ももっている．

1 行列式の定義と性質

1 1. 2次と3次の行列式

2次の正方行列 $A = \begin{pmatrix} a_{11} & a_{12} \\ a_{21} & a_{22} \end{pmatrix}$ は，67ページの公式より

$$a_{11}a_{22} - a_{12}a_{21} \neq 0 \tag{1}$$

のときに限り正則である．

同様な計算により，3次の正方行列 $\begin{pmatrix} a_{11} & a_{12} & a_{13} \\ a_{21} & a_{22} & a_{23} \\ a_{31} & a_{32} & a_{33} \end{pmatrix}$ については

$$\begin{aligned} &a_{11}a_{22}a_{33} + a_{12}a_{23}a_{31} + a_{13}a_{21}a_{32} \\ &\qquad -a_{11}a_{23}a_{32} - a_{12}a_{21}a_{33} - a_{13}a_{22}a_{31} \neq 0 \end{aligned} \tag{2}$$

のときに限り正則であることがわかる．

2次または3次の正方行列 $A = (a_{ij})$ について，2次の場合は (1) の左辺を，3次の場合は (2) の左辺を A の**行列式**といい，次のように書く．

$$|A| = \begin{vmatrix} a_{11} & a_{12} \\ a_{21} & a_{22} \end{vmatrix} = a_{11}a_{22} - a_{12}a_{21}$$

$$|A| = \begin{vmatrix} a_{11} & a_{12} & a_{13} \\ a_{21} & a_{22} & a_{23} \\ a_{31} & a_{32} & a_{33} \end{vmatrix} = a_{11}a_{22}a_{33} + a_{12}a_{23}a_{31} + a_{13}a_{21}a_{32} \\ - a_{11}a_{23}a_{32} - a_{12}a_{21}a_{33} - a_{13}a_{22}a_{31}$$

3 次の行列式は，右の図において，黒実線で連ねた文字の積に符号「+」をつけ，青実線で連ねた文字の積に符号「−」をつけて加えた和に等しい．

3 次の行列式の値を計算するこの方法を**サラスの方法**という．

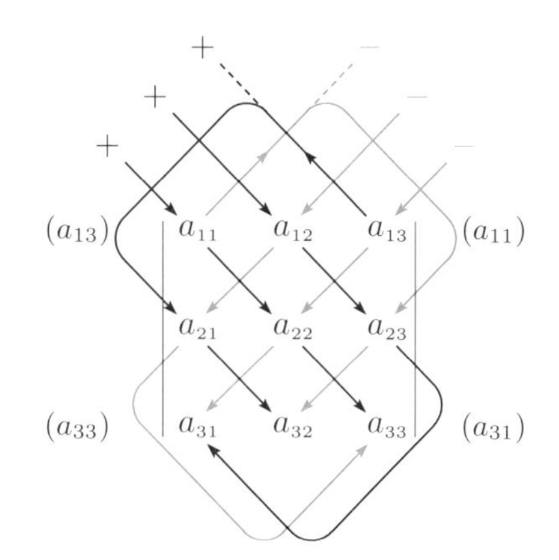

例 1

$$\begin{vmatrix} 3 & 2 \\ 4 & 1 \end{vmatrix} = 3 \times 1 - 2 \times 4 = -5$$

$$\begin{vmatrix} 3 & 2 & 4 \\ -1 & 3 & 0 \\ 2 & 4 & 1 \end{vmatrix} = 3 \times 3 \times 1 + 2 \times 0 \times 2 + 4 \times (-1) \times 4 \\ - 3 \times 0 \times 4 - 2 \times (-1) \times 1 - 4 \times 3 \times 2 = -29$$

いずれも 0 でないから，行列 $\begin{pmatrix} 3 & 2 \\ 4 & 1 \end{pmatrix}$, $\begin{pmatrix} 3 & 2 & 4 \\ -1 & 3 & 0 \\ 2 & 4 & 1 \end{pmatrix}$ は正則である．

問・1 次の行列式の値を求めよ．

(1) $\begin{vmatrix} 3 & -2 \\ -5 & 1 \end{vmatrix}$　　(2) $\begin{vmatrix} 1 & 0 & 4 \\ 1 & 2 & 1 \\ 1 & 5 & -1 \end{vmatrix}$　　(3) $\begin{vmatrix} 1 & 2 & 3 \\ 4 & 5 & 6 \\ 7 & 8 & 9 \end{vmatrix}$

1 2 n 次の行列式

4 次以上の行列式を定義する準備として**順列**を説明する．1, 2, ⋯, n のように，n 個の異なる自然数があるとき，それらを並べてできる順列を

$$P = (p_1,\ p_2,\ \cdots,\ p_n)$$

で表す．このような順列の総数は $n!$ である．そのうち，特に小さい方から順に自然数が並んでいる順列を**基本順列**という．

例 2　1, 2, 3 を並べてできる順列には (2, 1, 3), (3, 2, 1) などがある．また，順列 (1, 2), (1, 2, 3), (1, 2, 3, 4) はそれぞれ 2, 3, 4 個の場合の基本順列である．

1 つの順列 $(p_1,\ p_2,\ \cdots,\ p_n)$ に，その順列の中の 2 つの数を交換する操作を施して，基本順列に変形するとき，操作の回数が偶数回であるか奇数回であるかは，変形のしかたによらず一定であることが知られている．

操作の回数が偶数回であるような順列を**偶順列**，奇数回であるような順列を**奇順列**という．特に，基本順列は偶順列である．

例題 1　1, 2, 3 を並べてできるすべての順列について，偶順列か奇順列かを調べよ．

解　左側に順列をあげ，その右に基本順列に変形する手順をかくと次のようになる．

(1, 2, 3)			偶順列
(1, 3, 2) →	(1, 2, 3)		奇順列
(2, 1, 3) →	(1, 2, 3)		奇順列
(2, 3, 1) →	(1, 3, 2) →	(1, 2, 3)	偶順列
(3, 1, 2) →	(1, 3, 2) →	(1, 2, 3)	偶順列
(3, 2, 1) →	(1, 2, 3)		奇順列

//

問・2 次の順列について，偶順列か奇順列かを調べよ.

(1) (3, 1, 4, 2)　　(2) (5, 3, 4, 1, 2)

行列式において，行，列，成分，次数などの用語は行列の場合と同じように用いる.

ここでは，順列を用いて，n 次の行列式を定義することを考えよう.

3 次の正方行列 $A=(a_{ij})$ の行列式は，87 ページで定義したように

$$
\begin{aligned}
|A| = &a_{11}a_{22}a_{33} + a_{12}a_{23}a_{31} + a_{13}a_{21}a_{32} \\
&-a_{11}a_{23}a_{32} - a_{12}a_{21}a_{33} - a_{13}a_{22}a_{31}
\end{aligned}
$$

各項に現れる成分の添字に着目すると，行の添え字はすべて 1, 2, 3 の順であり，列の添え字は

(1, 2, 3), (2, 3, 1), (3, 1, 2),
(1, 3, 2), (2, 1, 3), (3, 2, 1)

となり，1, 2, 3 を並べてできるすべての順列が現れている．例題 1 で調べたように，これらの順列のうち，はじめの 3 個は偶順列，残りは奇順列である．各項の符号に着目すると，偶順列のとき $+$，奇順列のとき $-$ である.

そこで，順列 $P=(p_1,\ p_2,\ \cdots,\ p_n)$ に対して

$$
\varepsilon_P = \begin{cases} +1 & (P\text{ が偶順列のとき}) \\ -1 & (P\text{ が奇順列のとき}) \end{cases}
$$

とおき，一般の n 次の正方行列 $A=(a_{ij})$ の行列式 $|A|$ を次のように定義する.

$$
|\boldsymbol{A}| = \sum \boldsymbol{\varepsilon_P a_{1p_1} a_{2p_2} \cdots a_{np_n}} \tag{1}
$$

ここで，$\sum$ は，$1, 2, \cdots, n$ のすべての順列 $P=(p_1,\ p_2,\ \cdots,\ p_n)$ についての和をとることを意味する.

例 3　1個の整数の順列は1つだけだから，1次の行列式は a_{11} である．また，1, 2の順列は，偶順列 (1, 2) と奇順列 (2, 1) の2つだから，2次の行列式は $a_{11}a_{22}-a_{12}a_{21}$ となり，86ページの定義と一致する．

例題 2　次の行列式の値を定義式 (1) により求めよ．

(1) $\begin{vmatrix} 0 & 0 & 0 & 1 \\ 0 & 0 & 1 & 0 \\ 0 & 1 & 0 & 0 \\ 1 & 0 & 0 & 0 \end{vmatrix}$　　(2) $\begin{vmatrix} 0 & 1 & 0 & 0 \\ 0 & 0 & 0 & 3 \\ 2 & 0 & 0 & 0 \\ 0 & 0 & 1 & 0 \end{vmatrix}$

解　(1), (2) の行列式の $(i,\ j)$ 成分をそれぞれ a_{ij}, b_{ij} とおく．

(1) $a_{14}=1,\ a_{23}=1,\ a_{32}=1,\ a_{41}=1$ で他の成分は0だから，行列式の定義式で順列 (4, 3, 2, 1) に対応する項のみが0でなく，他の項は0である．この順列は偶順列だから，行列式の値は

$$+a_{14}a_{23}a_{32}a_{41}=+1\cdot1\cdot1\cdot1=1$$

(2) (1) と同様に，順列 (2, 4, 1, 3) に対応する項のみが0でない．この順列は奇順列だから，行列式の値は

$$-b_{12}b_{24}b_{31}b_{43}=-1\cdot3\cdot2\cdot1=-6$$ //

●注……例題2からわかるように，4次以上の行列式の計算にサラスの方法を用いることはできない．

問・3　次の行列式の値を求めよ．

(1) $\begin{vmatrix} 0 & 0 & 2 & 0 \\ 5 & 0 & 0 & 0 \\ 0 & 0 & 0 & 1 \\ 0 & 3 & 0 & 0 \end{vmatrix}$　　(2) $\begin{vmatrix} 0 & 2 & 0 & 0 \\ 3 & -5 & 0 & 0 \\ 0 & 0 & 9 & 4 \\ 0 & 0 & 6 & 3 \end{vmatrix}$

例題 3 次の等式を証明せよ．

$$\begin{vmatrix} a_{11} & a_{12} & \cdots & a_{1n} \\ 0 & a_{22} & \cdots & a_{2n} \\ \vdots & \vdots & \ddots & \vdots \\ 0 & a_{n2} & \cdots & a_{nn} \end{vmatrix} = a_{11} \begin{vmatrix} a_{22} & \cdots & a_{2n} \\ \vdots & \ddots & \vdots \\ a_{n2} & \cdots & a_{nn} \end{vmatrix}$$

解 左辺を定義式 (1) で表したとき，$p_1 \neq 1$ とすると，$a_{2p_2}, \cdots, a_{np_n}$ のいずれかは第 1 列の成分で 0 である．よって $a_{1p_1}a_{2p_2}\cdots a_{np_n} = 0$ より

$$\text{左辺} = \sum \varepsilon_P a_{11} a_{2p_2} \cdots a_{np_n} = a_{11} \sum \varepsilon_P a_{2p_2} \cdots a_{np_n}$$

ただし $\sum$ は $P = (1,\ p_2,\ \cdots,\ p_n)$ についての和

$$\text{右辺} = a_{11} \sum \varepsilon_{P'} a_{2p_2} \cdots a_{np_n}$$

ただし $\sum$ は $P' = (p_2,\ \cdots,\ p_n)$ についての和

ここで $\varepsilon_{P'} = \varepsilon_P$ だから，左辺 = 右辺が成り立つ． //

問・4 次の行列式の値を求めよ．

(1) $\begin{vmatrix} 4 & 2 & 5 \\ 0 & -1 & 1 \\ 0 & 2 & -7 \end{vmatrix}$

(2) $\begin{vmatrix} 1 & 1 & 1 & -3 \\ 0 & -3 & -5 & 5 \\ 0 & 0 & -5 & 2 \\ 0 & 0 & -6 & 3 \end{vmatrix}$

問・5 次の等式を証明せよ．

(1) $\begin{vmatrix} a_{11} & a_{12} & a_{13} & \cdots & a_{1n} \\ 0 & a_{22} & a_{23} & \cdots & a_{2n} \\ 0 & 0 & a_{33} & \cdots & a_{3n} \\ \vdots & \vdots & \ddots & \ddots & \vdots \\ 0 & 0 & \cdots & 0 & a_{nn} \end{vmatrix} = a_{11}a_{22}\cdots a_{nn}$

(2) n 次の単位行列を E_n とするとき，$|E_n| = 1$

① 3 行列式の性質

行列式の定義式を用いて以下の性質を証明する．主に3次の行列式の特定の行について証明するが，一般の n 次の行列式についても同様である．

●行列式の性質 (1)

（I） 1つの行の各成分が2数の和として表されているとき，この行列式は2つの行列式の和として表すことができる．

（II） 1つの行のすべての成分に共通な因数は，行列式の因数としてくくり出すことができる．

（III） 2つの行を交換すると行列式の符号が変わる．

証明 （I） 第1行の各成分が2数の和として表されているとすると

$$\begin{vmatrix} a_{11}+a'_{11} & a_{12}+a'_{12} & a_{13}+a'_{13} \\ a_{21} & a_{22} & a_{23} \\ a_{31} & a_{32} & a_{33} \end{vmatrix} = \sum \varepsilon_P (a_{1p_1}+a'_{1p_1}) a_{2p_2} a_{3p_3}$$

$$= \sum \varepsilon_P a_{1p_1} a_{2p_2} a_{3p_3} + \sum \varepsilon_P a'_{1p_1} a_{2p_2} a_{3p_3}$$

$$= \begin{vmatrix} a_{11} & a_{12} & a_{13} \\ a_{21} & a_{22} & a_{23} \\ a_{31} & a_{32} & a_{33} \end{vmatrix} + \begin{vmatrix} a'_{11} & a'_{12} & a'_{13} \\ a_{21} & a_{22} & a_{23} \\ a_{31} & a_{32} & a_{33} \end{vmatrix}$$

（II） 第2行に共通因数 c があるとすると

$$\begin{vmatrix} a_{11} & a_{12} & a_{13} \\ ca_{21} & ca_{22} & ca_{23} \\ a_{31} & a_{32} & a_{33} \end{vmatrix} = \sum \varepsilon_P a_{1p_1} (ca_{2p_2}) a_{3p_3}$$

$$= c\sum \varepsilon_P a_{1p_1} a_{2p_2} a_{3p_3} = c\begin{vmatrix} a_{11} & a_{12} & a_{13} \\ a_{21} & a_{22} & a_{23} \\ a_{31} & a_{32} & a_{33} \end{vmatrix}$$

(III) 第 1 行と第 2 行を交換すると

$$\begin{vmatrix} a_{21} & a_{22} & a_{23} \\ a_{11} & a_{12} & a_{13} \\ a_{31} & a_{32} & a_{33} \end{vmatrix} = \sum \varepsilon_P a_{2p_1} a_{1p_2} a_{3p_3} \qquad (1)$$

ここで，$P = (p_1,\ p_2,\ p_3)$ が偶順列のとき $P' = (p_2,\ p_1,\ p_3)$ は奇順列，P が奇順列のとき P' は偶順列だから　$\varepsilon_P = -\varepsilon_{P'}$

したがって，(1) より

$$\sum \varepsilon_P a_{2p_1} a_{1p_2} a_{3p_3} = -\sum \varepsilon_{P'} a_{1p_2} a_{2p_1} a_{3p_3}$$

$$= -\begin{vmatrix} a_{11} & a_{12} & a_{13} \\ a_{21} & a_{22} & a_{23} \\ a_{31} & a_{32} & a_{33} \end{vmatrix}$$

//

問・6 行列式について，次の性質を証明せよ．

(1) 1 つの行のすべての成分が 0 のとき，行列式の値は 0

(2) A を n 次の正方行列とし，c を定数とするとき　$|cA| = c^n|A|$

行列式の性質 (1) を用いると，次の性質を証明することができる．

●行列式の性質 (2)

(IV) 2 つの行が等しい行列式の値は 0 である．

(V) 1 つの行の各成分に同一の数を掛けて他の行に加えても，行列式の値は変わらない．

証明 (IV) 第 1 行と第 2 行が等しいとき，それら 2 つの行を交換すると

$$|A| = \begin{vmatrix} a_{11} & a_{12} & a_{13} \\ a_{11} & a_{12} & a_{13} \\ a_{31} & a_{32} & a_{33} \end{vmatrix} = -\begin{vmatrix} a_{11} & a_{12} & a_{13} \\ a_{11} & a_{12} & a_{13} \\ a_{31} & a_{32} & a_{33} \end{vmatrix} = -|A|$$

これから $2|A| = 0$ となるから，$|A| = 0$ が成り立つ．

（V）第 1 行に第 2 行の c 倍を加えたとき，（I），（II），（IV）より

$$\begin{vmatrix} a_{11}+ca_{21} & a_{12}+ca_{22} & a_{13}+ca_{23} \\ a_{21} & a_{22} & a_{23} \\ a_{31} & a_{32} & a_{33} \end{vmatrix}$$

$$= \begin{vmatrix} a_{11} & a_{12} & a_{13} \\ a_{21} & a_{22} & a_{23} \\ a_{31} & a_{32} & a_{33} \end{vmatrix} + c \begin{vmatrix} a_{21} & a_{22} & a_{23} \\ a_{21} & a_{22} & a_{23} \\ a_{31} & a_{32} & a_{33} \end{vmatrix} = \begin{vmatrix} a_{11} & a_{12} & a_{13} \\ a_{21} & a_{22} & a_{23} \\ a_{31} & a_{32} & a_{33} \end{vmatrix} \quad //$$

例題 4　行列式 $\begin{vmatrix} 3 & 2 & 4 & 1 \\ 1 & 1 & 3 & 2 \\ 2 & 2 & 3 & -1 \\ -2 & 1 & -2 & 1 \end{vmatrix}$ の値を求めよ．

解

$$\begin{vmatrix} 3 & 2 & 4 & 1 \\ 1 & 1 & 3 & 2 \\ 2 & 2 & 3 & -1 \\ -2 & 1 & -2 & 1 \end{vmatrix} \overset{1\text{ 行と }2\text{ 行を交換}}{=\!=} - \begin{vmatrix} 1 & 1 & 3 & 2 \\ 3 & 2 & 4 & 1 \\ 2 & 2 & 3 & -1 \\ -2 & 1 & -2 & 1 \end{vmatrix}$$

$$\underset{\substack{3\text{ 行}-1\text{ 行}\times 2 \\ 4\text{ 行}+1\text{ 行}\times 2}}{\overset{2\text{ 行}-1\text{ 行}\times 3}{=\!=}} - \begin{vmatrix} 1 & 1 & 3 & 2 \\ 0 & -1 & -5 & -5 \\ 0 & 0 & -3 & -5 \\ 0 & 3 & 4 & 5 \end{vmatrix}$$

$$\underset{\text{例題 3}}{\overset{91\text{ ページ}}{=\!=}} -1 \begin{vmatrix} -1 & -5 & -5 \\ 0 & -3 & -5 \\ 3 & 4 & 5 \end{vmatrix} \overset{3\text{ 行}+1\text{ 行}\times 3}{=\!=} - \begin{vmatrix} -1 & -5 & -5 \\ 0 & -3 & -5 \\ 0 & -11 & -10 \end{vmatrix}$$

$\underset{\text{例題 3}}{\overset{\text{91 ページ}}{=\!=}} -(-1)\begin{vmatrix} -3 & -5 \\ -11 & -10 \end{vmatrix} = 30 - 55 = -25$ //

問・7 次の行列式の値を求めよ．

(1) $\begin{vmatrix} 1 & -2 & 0 & 1 \\ 2 & -3 & 1 & 3 \\ 0 & 4 & -3 & 0 \\ -2 & 6 & 1 & -1 \end{vmatrix}$ (2) $\begin{vmatrix} 3 & 1 & 1 & 2 \\ 1 & 0 & 1 & -1 \\ -3 & 2 & -2 & 1 \\ 0 & -1 & 2 & 0 \end{vmatrix}$

62 ページで定義した転置行列の行列式について，次の公式が成り立つ．

●転置行列の行列式

正方行列 A について　$|{}^t\!A| = |A|$

証明　A を 3 次の正方行列として証明するが，一般の場合も同様である．

$A = (a_{ij})$, ${}^t\!A = (b_{ij})$ とおくと，$b_{ji} = a_{ij}$ だから

$$|{}^t\!A| = \sum \varepsilon_P b_{1p_1} b_{2p_2} b_{3p_3} = \sum \varepsilon_P a_{p_1 1} a_{p_2 2} a_{p_3 3}$$

ここで，$a_{p_1 1}, a_{p_2 2}, a_{p_3 3}$ の掛ける順序を変えて，行の添え字を 1，2，3 にしたとき，列の添え字が q_1, q_2, q_3 になったとすると，この操作によって

$$a_{p_1 1} a_{p_2 2} a_{p_3 3} \longrightarrow a_{1q_1} a_{2q_2} a_{3q_3}$$
$$(p_1,\ p_2,\ p_3) \longrightarrow (1,\ 2,\ 3)$$
$$(1,\ 2,\ 3) \rightleftarrows (q_1,\ q_2,\ q_3)$$

したがって，$P = (p_1,\ p_2,\ p_3)$, $Q = (q_1,\ q_2,\ q_3)$ とおくとき，P, Q のそれぞれを基本順列に変形する操作の回数は等しいから

$$\varepsilon_P = \varepsilon_Q$$

P が順列全部を重複なく動くとき，Q も順列全部を重複なく動くから

$$|{}^t\!A| = \sum \varepsilon_P a_{p_1 1} a_{p_2 2} a_{p_3 3} = \sum \varepsilon_Q a_{1q_1} a_{2q_2} a_{3q_3} = |A|$$ //

行列 A の列には転置行列 ${}^tA$ の行が対応している．したがって，この公式を用いると，行列式の性質における「行」はすべて「列」に置き換えても成り立つことがわかる．

●行列式の性質 (3)

(I)′ 1つの列の各成分が2数の和として表されているとき，この行列式は2つの行列式の和として表すことができる．

(II)′ 1つの列のすべての成分に共通な因数は，行列式の因数としてくくり出すことができる．

(III)′ 2つの列を交換すると行列式の符号が変わる．

(IV)′ 2つの列が等しい行列式の値は0である．

(V)′ 1つの列の各成分に同一の数を掛けて他の列に加えても，行列式の値は変わらない．

また，91ページの例題3の等式において「行」と「列」を入れ換えた次の等式が成り立つ．

$$\begin{vmatrix} a_{11} & 0 & \cdots & 0 \\ a_{21} & a_{22} & \cdots & a_{2n} \\ \vdots & \vdots & \ddots & \vdots \\ a_{n1} & a_{n2} & \cdots & a_{nn} \end{vmatrix} = a_{11} \begin{vmatrix} a_{22} & \cdots & a_{2n} \\ \vdots & \ddots & \vdots \\ a_{n2} & \cdots & a_{nn} \end{vmatrix}$$

例 4

$$\begin{vmatrix} 2 & 4 & 6 \\ 1 & 5 & 4 \\ 3 & 2 & 8 \end{vmatrix} \underset{3\text{列}-1\text{列}\times 3}{\overset{2\text{列}-1\text{列}\times 2}{=\!=\!=}} \begin{vmatrix} 2 & 0 & 0 \\ 1 & 3 & 1 \\ 3 & -4 & -1 \end{vmatrix}$$

$$= 2 \begin{vmatrix} 3 & 1 \\ -4 & -1 \end{vmatrix} = 2$$

例題 5 次の行列式を因数分解せよ.

$$\begin{vmatrix} 1 & 1 & 1 \\ bc & ca & ab \\ a^2 & b^2 & c^2 \end{vmatrix}$$

解

$$\begin{vmatrix} 1 & 1 & 1 \\ bc & ca & ab \\ a^2 & b^2 & c^2 \end{vmatrix} \underset{3\text{列}-1\text{列}\times 1}{\overset{2\text{列}-1\text{列}\times 1}{=\!=\!=}} \begin{vmatrix} 1 & 0 & 0 \\ bc & ca-bc & ab-bc \\ a^2 & b^2-a^2 & c^2-a^2 \end{vmatrix}$$

$$= \begin{vmatrix} ca-bc & ab-bc \\ b^2-a^2 & c^2-a^2 \end{vmatrix} = \begin{vmatrix} -c(b-a) & -b(c-a) \\ (b-a)(b+a) & (c-a)(c+a) \end{vmatrix}$$

$$\underset{2\text{列の共通因数}}{\overset{1\text{列の共通因数}}{=\!=\!=}} (b-a)(c-a) \begin{vmatrix} -c & -b \\ b+a & c+a \end{vmatrix}$$

$$\overset{2\text{列}-1\text{列}\times 1}{=\!=\!=} (b-a)(c-a) \begin{vmatrix} -c & c-b \\ b+a & c-b \end{vmatrix}$$

$$\overset{2\text{列の共通因数}}{=\!=\!=} (b-a)(c-a)(c-b) \begin{vmatrix} -c & 1 \\ b+a & 1 \end{vmatrix}$$

$$= (b-a)(c-a)(c-b)(-c-b-a)$$

$$= -(a-b)(b-c)(c-a)(a+b+c)$$ //

問・8 次の行列式を因数分解せよ.

(1) $\begin{vmatrix} 1 & 1 & 1 \\ x & a & a \\ x & y & b \end{vmatrix}$　　(2) $\begin{vmatrix} 1 & 1 & 1 \\ a & b & c \\ a^2 & b^2 & c^2 \end{vmatrix}$

1 4 行列の積の行列式

A, B を n 次の正方行列とするとき，積 AB の行列式を計算しよう．

$n=2$ の場合を考えると

$$A=\begin{pmatrix} a_{11} & a_{12} \\ a_{21} & a_{22} \end{pmatrix},\ B=\begin{pmatrix} b_{11} & b_{12} \\ b_{21} & b_{22} \end{pmatrix} \text{のとき}$$

$$AB=\begin{pmatrix} a_{11} & a_{12} \\ a_{21} & a_{22} \end{pmatrix}\begin{pmatrix} b_{11} & b_{12} \\ b_{21} & b_{22} \end{pmatrix}=\begin{pmatrix} a_{11}b_{11}+a_{12}b_{21} & a_{11}b_{12}+a_{12}b_{22} \\ a_{21}b_{11}+a_{22}b_{21} & a_{21}b_{12}+a_{22}b_{22} \end{pmatrix}$$

行列式の性質を用いて $|AB|$ を計算すると

$$|AB|=\begin{vmatrix} a_{11}b_{11}+a_{12}b_{21} & a_{11}b_{12}+a_{12}b_{22} \\ a_{21}b_{11}+a_{22}b_{21} & a_{21}b_{12}+a_{22}b_{22} \end{vmatrix}$$

$$=\begin{vmatrix} a_{11}b_{11} & a_{11}b_{12}+a_{12}b_{22} \\ a_{21}b_{11} & a_{21}b_{12}+a_{22}b_{22} \end{vmatrix}+\begin{vmatrix} a_{12}b_{21} & a_{11}b_{12}+a_{12}b_{22} \\ a_{22}b_{21} & a_{21}b_{12}+a_{22}b_{22} \end{vmatrix}$$

$$=\begin{vmatrix} a_{11}b_{11} & a_{11}b_{12} \\ a_{21}b_{11} & a_{21}b_{12} \end{vmatrix}+\begin{vmatrix} a_{11}b_{11} & a_{12}b_{22} \\ a_{21}b_{11} & a_{22}b_{22} \end{vmatrix}+\begin{vmatrix} a_{12}b_{21} & a_{11}b_{12} \\ a_{22}b_{21} & a_{21}b_{12} \end{vmatrix}+\begin{vmatrix} a_{12}b_{21} & a_{12}b_{22} \\ a_{22}b_{21} & a_{22}b_{22} \end{vmatrix}$$

$$=\begin{vmatrix} a_{11} & a_{11} \\ a_{21} & a_{21} \end{vmatrix}b_{11}b_{12}+\begin{vmatrix} a_{11} & a_{12} \\ a_{21} & a_{22} \end{vmatrix}b_{11}b_{22}+\begin{vmatrix} a_{12} & a_{11} \\ a_{22} & a_{21} \end{vmatrix}b_{21}b_{12}+\begin{vmatrix} a_{12} & a_{12} \\ a_{22} & a_{22} \end{vmatrix}b_{21}b_{22}$$

$$=\begin{vmatrix} a_{11} & a_{12} \\ a_{21} & a_{22} \end{vmatrix}b_{11}b_{22}-\begin{vmatrix} a_{11} & a_{12} \\ a_{21} & a_{22} \end{vmatrix}b_{21}b_{12}$$

$$=\begin{vmatrix} a_{11} & a_{12} \\ a_{21} & a_{22} \end{vmatrix}(b_{11}b_{22}-b_{12}b_{21})$$

$$=\begin{vmatrix} a_{11} & a_{12} \\ a_{21} & a_{22} \end{vmatrix}\begin{vmatrix} b_{11} & b_{12} \\ b_{21} & b_{22} \end{vmatrix}=|A||B|$$

同様に，n 次正方行列の積の行列式についても次の公式が成り立つ．

●行列の積の行列式

A, B を n 次の正方行列とするとき

$$|AB| = |A||B|$$

例題 6　A が正則行列のとき，$|A| \neq 0$，$|A^{-1}| = \dfrac{1}{|A|}$ であることを証明せよ．

A は正則だから逆行列をもち

$$A^{-1}A = E$$

両辺の行列式を求めると

$$|A^{-1}A| = |E| = 1$$

$$\therefore \quad |A^{-1}||A| = 1$$

これから　$|A| \neq 0$，$|A^{-1}| = \dfrac{1}{|A|}$　//

問・9　正方行列 A が ${}^{t}AA = E$ を満たすとき，$|A| = \pm 1$ であることを証明せよ．

練習問題 1・A

1. 次の行列式の値を求めよ.

(1) $\begin{vmatrix} 1 & 1 & 5 \\ 2 & 2 & 1 \\ 1 & 2 & 3 \end{vmatrix}$ (2) $\begin{vmatrix} 4 & 6 & -2 \\ 0 & 1 & 4 \\ 1 & 1 & 1 \end{vmatrix}$

(3) $\begin{vmatrix} 1 & -2 & 2 & 1 \\ 3 & -5 & 3 & 1 \\ 2 & -3 & 1 & 2 \\ -3 & 3 & -2 & 1 \end{vmatrix}$ (4) $\begin{vmatrix} 1 & 0 & -2 & 1 \\ 2 & 1 & 1 & -1 \\ 3 & 2 & -1 & 1 \\ 4 & 0 & 3 & 3 \end{vmatrix}$

2. 次の行列式を因数分解せよ.

(1) $\begin{vmatrix} 1 & 1 & 1 \\ a & b & c \\ b^2c^2 & c^2a^2 & a^2b^2 \end{vmatrix}$ (2) $\begin{vmatrix} a & b & b \\ b & a & b \\ b & b & a \end{vmatrix}$

3. 次の方程式を解け.

(1) $\begin{vmatrix} 1 & 1 & 1 \\ x & 1 & -2 \\ x^2 & 1 & 4 \end{vmatrix} = 0$ (2) $\begin{vmatrix} 1-x & 4 & -4 \\ -3 & 1-x & 3 \\ -3 & 4 & -x \end{vmatrix} = 0$

4. 正方行列 A, B が $AB = O$ を満たしているとき, $|A| = 0$ または $|B| = 0$ であることを証明せよ.

練習問題 1・B

1. 次の行列式を因数分解せよ.

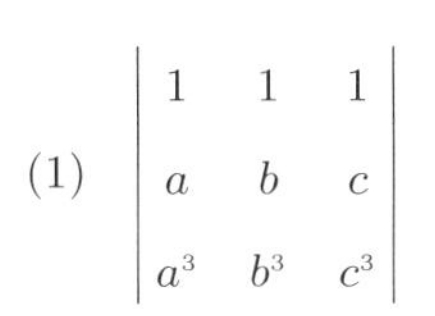

(1) $\begin{vmatrix} 1 & 1 & 1 \\ a & b & c \\ a^3 & b^3 & c^3 \end{vmatrix}$　　(2) $\begin{vmatrix} 1 & 1 & 1 & 1 \\ a & b & c & d \\ a^2 & b^2 & c^2 & d^2 \\ a^3 & b^3 & c^3 & d^3 \end{vmatrix}$

2. 次の等式を証明せよ.

$$\begin{vmatrix} 2b_1 + c_1 & c_1 + 3a_1 & 2a_1 + 3b_1 \\ 2b_2 + c_2 & c_2 + 3a_2 & 2a_2 + 3b_2 \\ 2b_3 + c_3 & c_3 + 3a_3 & 2a_3 + 3b_3 \end{vmatrix} = 13 \begin{vmatrix} a_1 & b_1 & c_1 \\ a_2 & b_2 & c_2 \\ a_3 & b_3 & c_3 \end{vmatrix}$$

3. 次の問いに答えよ.

(1) $\begin{pmatrix} 0 & a & b \\ a & 0 & c \\ b & c & 0 \end{pmatrix}\begin{pmatrix} 0 & a & b \\ a & 0 & c \\ b & c & 0 \end{pmatrix}$ を計算せよ.

(2) $\begin{vmatrix} a^2 + b^2 & bc & ca \\ bc & c^2 + a^2 & ab \\ ca & ab & b^2 + c^2 \end{vmatrix} = 4a^2b^2c^2$ であることを証明せよ.

4. 3 次の正方行列 A が ${}^tA = -A$ を満たしているとき, $|A| = 0$ となることを証明せよ.

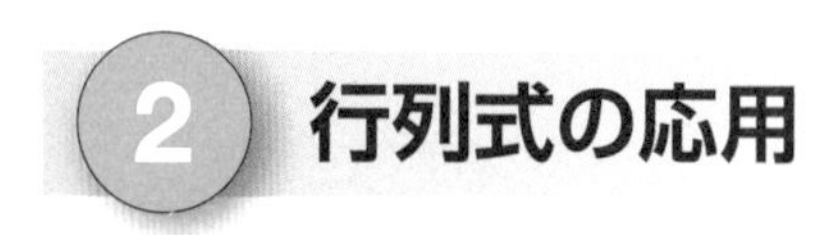

2 行列式の応用

2-1 行列式の展開

n 次の行列式 $|A|$ を $n-1$ 次の行列式を用いて表すことを考えよう．

行列式 $|A|$ の第 i 行と第 j 列を取り除いてできる $n-1$ 次の行列式を $(i,\ j)$ 成分の**小行列式**といい，D_{ij} と書く．すなわち

$$D_{ij} = \begin{vmatrix} a_{11} & \cdots\cdots\cdots & a_{1j} & \cdots\cdots & a_{1n} \\ \cdots & \cdots\cdots\cdots & \cdots & \cdots\cdots & \cdots \\ a_{i1} & \cdots\cdots\cdots & \boldsymbol{a_{ij}} & \cdots\cdots & a_{in} \\ \cdots & \cdots\cdots\cdots & \cdots & \cdots\cdots & \cdots \\ a_{n1} & \cdots\cdots\cdots & a_{nj} & \cdots\cdots & a_{nn} \end{vmatrix} \longleftarrow \text{第 } i \text{ 行を取り除く}$$

↑ 第 j 列を取り除く

例 1　$|A| = \begin{vmatrix} a_{11} & a_{12} & a_{13} \\ a_{21} & a_{22} & a_{23} \\ a_{31} & a_{32} & a_{33} \end{vmatrix}$ の小行列式

D_{11} は第1行と第1列を取り除いてできる行列式である．他も同様にして求めると次のようになる．

$$D_{11} = \begin{vmatrix} a_{22} & a_{23} \\ a_{32} & a_{33} \end{vmatrix} \quad D_{12} = \begin{vmatrix} a_{21} & a_{23} \\ a_{31} & a_{33} \end{vmatrix} \quad D_{13} = \begin{vmatrix} a_{21} & a_{22} \\ a_{31} & a_{32} \end{vmatrix}$$

$$D_{21} = \begin{vmatrix} a_{12} & a_{13} \\ a_{32} & a_{33} \end{vmatrix} \quad D_{22} = \begin{vmatrix} a_{11} & a_{13} \\ a_{31} & a_{33} \end{vmatrix} \quad D_{23} = \begin{vmatrix} a_{11} & a_{12} \\ a_{31} & a_{32} \end{vmatrix}$$

$$D_{31} = \begin{vmatrix} a_{12} & a_{13} \\ a_{22} & a_{23} \end{vmatrix} \quad D_{32} = \begin{vmatrix} a_{11} & a_{13} \\ a_{21} & a_{23} \end{vmatrix} \quad D_{33} = \begin{vmatrix} a_{11} & a_{12} \\ a_{21} & a_{22} \end{vmatrix}$$

3 次の行列式 $|A|$ の第 1 行について

$$(a_{11} \quad a_{12} \quad a_{13}) = (a_{11} \quad 0 \quad 0) + (0 \quad a_{12} \quad 0) + (0 \quad 0 \quad a_{13})$$

となることに注意して，92 ページの行列式の性質の(Ⅰ)を適用すると

$$|A| = \begin{vmatrix} a_{11} & 0 & 0 \\ a_{21} & a_{22} & a_{23} \\ a_{31} & a_{32} & a_{33} \end{vmatrix} + \begin{vmatrix} 0 & a_{12} & 0 \\ a_{21} & a_{22} & a_{23} \\ a_{31} & a_{32} & a_{33} \end{vmatrix} + \begin{vmatrix} 0 & 0 & a_{13} \\ a_{21} & a_{22} & a_{23} \\ a_{31} & a_{32} & a_{33} \end{vmatrix}$$

$$= \begin{vmatrix} a_{11} & 0 & 0 \\ a_{21} & a_{22} & a_{23} \\ a_{31} & a_{32} & a_{33} \end{vmatrix} + (-1) \begin{vmatrix} a_{12} & 0 & 0 \\ a_{22} & a_{21} & a_{23} \\ a_{32} & a_{31} & a_{33} \end{vmatrix} + (-1)^2 \begin{vmatrix} a_{13} & 0 & 0 \\ a_{23} & a_{21} & a_{22} \\ a_{33} & a_{31} & a_{32} \end{vmatrix}$$

$$= a_{11}D_{11} - a_{12}D_{12} + a_{13}D_{13}$$

n 次の行列式についても同様である．これを**行列式の展開**という．

●行列式の第 1 行に関する展開

n 次の行列式 $|A|$ の $(i,\ j)$ 成分を a_{ij}，その小行列式を D_{ij} とおくと

$$|A| = a_{11}D_{11} - a_{12}D_{12} + a_{13}D_{13} - \cdots\cdots + (-1)^{n+1}a_{1n}D_{1n}$$

例題 1 行列式 $\begin{vmatrix} 3 & 0 & 0 & 5 \\ -2 & 1 & 3 & 0 \\ 2 & 4 & 2 & -1 \\ 3 & 5 & -1 & 2 \end{vmatrix}$ の値を求めよ．

解 第 1 行に関して展開し，サラスの方法で小行列式を計算すると

$$3\begin{vmatrix} 1 & 3 & 0 \\ 4 & 2 & -1 \\ 5 & -1 & 2 \end{vmatrix} - 0\begin{vmatrix} -2 & 3 & 0 \\ 2 & 2 & -1 \\ 3 & -1 & 2 \end{vmatrix} + 0\begin{vmatrix} -2 & 1 & 0 \\ 2 & 4 & -1 \\ 3 & 5 & 2 \end{vmatrix} - 5\begin{vmatrix} -2 & 1 & 3 \\ 2 & 4 & 2 \\ 3 & 5 & -1 \end{vmatrix}$$

$$= 3(4 - 15 - 1 - 24) - 5(8 + 6 + 30 + 20 + 2 - 36) = -258$$ //

問•1 次の行列式の値を第1行に関する展開によって求めよ．

(1) $\begin{vmatrix} 0 & 3 & 0 \\ 1 & -4 & -3 \\ 3 & 1 & -2 \end{vmatrix}$ (2) $\begin{vmatrix} 0 & 1 & -2 & 0 \\ -1 & 0 & -2 & -1 \\ 2 & 2 & 0 & 4 \\ 0 & 1 & -4 & 0 \end{vmatrix}$

実は，行列式はどの行（列）に関しても展開することができる．

このことを3次の行列式

$$|A| = \begin{vmatrix} a_{11} & a_{12} & a_{13} \\ a_{21} & a_{22} & a_{23} \\ a_{31} & a_{32} & a_{33} \end{vmatrix}$$

の第3行に関する展開によって説明しよう．

第3行と第2行，第2行と第1行を順に交換すると

$$|A| = \begin{vmatrix} a_{11} & a_{12} & a_{13} \\ a_{21} & a_{22} & a_{23} \\ a_{31} & a_{32} & a_{33} \end{vmatrix} = -\begin{vmatrix} a_{11} & a_{12} & a_{13} \\ a_{31} & a_{32} & a_{33} \\ a_{21} & a_{22} & a_{23} \end{vmatrix} = (-1)^2\begin{vmatrix} a_{31} & a_{32} & a_{33} \\ a_{11} & a_{12} & a_{13} \\ a_{21} & a_{22} & a_{23} \end{vmatrix}$$

第1行に関して展開

$$= (-1)^2 a_{31}\begin{vmatrix} a_{12} & a_{13} \\ a_{22} & a_{23} \end{vmatrix} - (-1)^2 a_{32}\begin{vmatrix} a_{11} & a_{13} \\ a_{21} & a_{23} \end{vmatrix} + (-1)^2 a_{33}\begin{vmatrix} a_{11} & a_{12} \\ a_{21} & a_{22} \end{vmatrix}$$

$|A|$ の $(i,\ j)$ 成分の小行列式を D_{ij} とおくと，各項における小行列式は，それぞれ D_{31}, D_{32}, D_{33} に等しいから

$$|A| = a_{31}D_{31} - a_{32}D_{32} + a_{33}D_{33} \tag{1}$$

ここで，各項の符号は，行番号と列番号の和が偶数のとき $+$，奇数のとき $-$ である．したがって，(1) は次のように書くことができる．

$$|A| = (-1)^4 a_{31}D_{31} + (-1)^5 a_{32}D_{32} + (-1)^6 a_{33}D_{33} \tag{2}$$

列の場合も同様に証明される．このことから次の展開の公式が成り立つ．

●行列式の展開

n 次の行列式 $|A|$ の $(i,\ j)$ 成分の小行列式を D_{ij} とおくと

$$|A| = (-1)^{i+1}a_{i1}D_{i1} + (-1)^{i+2}a_{i2}D_{i2} + \cdots\cdots + (-1)^{i+n}a_{in}D_{in}$$

（第 i 行に関する展開）

$$= (-1)^{1+j}a_{1j}D_{1j} + (-1)^{2+j}a_{2j}D_{2j} + \cdots\cdots + (-1)^{n+j}a_{nj}D_{nj}$$

（第 j 列に関する展開）

例題 2 次の行列式の値を第 3 行に関する展開によって求めよ．

$$\begin{vmatrix} 1 & -1 & -2 & -1 \\ 0 & 1 & -1 & 1 \\ 0 & 2 & 1 & 0 \\ -3 & -1 & 1 & 0 \end{vmatrix}$$

解 第 3 行に関して展開し，サラスの方法で小行列式を計算すると

$$0 + (-1)^{3+2}\cdot 2\begin{vmatrix} 1 & -2 & -1 \\ 0 & -1 & 1 \\ -3 & 1 & 0 \end{vmatrix} + (-1)^{3+3}\cdot 1\begin{vmatrix} 1 & -1 & -1 \\ 0 & 1 & 1 \\ -3 & -1 & 0 \end{vmatrix} - 0$$

$$= -2(6-1+3) + 1(3+1-3) = -15$$

//

問・2 次の行列式の値を，(1) については第 3 行，(2) については第 4 列に関する展開によって求めよ．

(1) $\begin{vmatrix} 1 & -2 & -5 & 1 \\ 1 & 3 & -4 & 4 \\ 0 & -5 & 0 & 0 \\ 0 & 3 & 0 & -4 \end{vmatrix}$　　(2) $\begin{vmatrix} 4 & -1 & 2 & 0 \\ 5 & 2 & -4 & 0 \\ 3 & 1 & -2 & 0 \\ 2 & -3 & 5 & 3 \end{vmatrix}$

2 行列式と逆行列

行列式の行に関する展開公式を行列を用いて表そう．

簡単のため，$n=3$ とするが，一般の場合も同様である．

まず，103ページの第1行に関する展開は

$$|A| = (a_{11} \quad a_{12} \quad a_{13})\begin{pmatrix} D_{11} \\ -D_{12} \\ D_{13} \end{pmatrix} \tag{1}$$

と表すことができる．また，105ページの公式より，第2行および第3行に関する展開は次のように表される．

$$|A| = (a_{21} \quad a_{22} \quad a_{23})\begin{pmatrix} -D_{21} \\ D_{22} \\ -D_{23} \end{pmatrix} = (a_{31} \quad a_{32} \quad a_{33})\begin{pmatrix} D_{31} \\ -D_{32} \\ D_{33} \end{pmatrix} \tag{2}$$

そこで

$$\widetilde{A} = \begin{pmatrix} D_{11} & -D_{21} & D_{31} \\ -D_{12} & D_{22} & -D_{32} \\ D_{13} & -D_{23} & D_{33} \end{pmatrix} \tag{3}$$

とおく．すなわち，行列 $\widetilde{A}$ は，小行列式を転置して並べ，符号を交互につけて得られる．これを A の**余因子行列**といい，$\widetilde{A}$ の各成分を**余因子**という．

A と $\widetilde{A}$ の積

$$A\widetilde{A} = \begin{pmatrix} a_{11} & a_{12} & a_{13} \\ a_{21} & a_{22} & a_{23} \\ a_{31} & a_{32} & a_{33} \end{pmatrix}\begin{pmatrix} D_{11} & -D_{21} & D_{31} \\ -D_{12} & D_{22} & -D_{32} \\ D_{13} & -D_{23} & D_{33} \end{pmatrix}$$

を計算しよう．まず，対角成分は，(1), (2) より，いずれも $|A|$ になる．

一方，対角成分以外の成分，例えば (2, 1) 成分は

$$a_{21}D_{11} - a_{22}D_{12} + a_{23}D_{13} \tag{4}$$

であるが，(4) は $|A|$ の第1行を第2行で置き換えた行列式

$$\begin{vmatrix} a_{21} & a_{22} & a_{23} \\ a_{21} & a_{22} & a_{23} \\ a_{31} & a_{32} & a_{33} \end{vmatrix} \tag{5}$$

の第 1 行に関する展開となっている．そして，(5) の行列式では第 1 行と第 2 行が等しく，行列式の性質 (IV) より，その値は 0 である．

以上より，$A\widetilde{A}$ は次のようになる．

$$A\widetilde{A} = \begin{pmatrix} |A| & 0 & 0 \\ 0 & |A| & 0 \\ 0 & 0 & |A| \end{pmatrix} = |A| \begin{pmatrix} 1 & 0 & 0 \\ 0 & 1 & 0 \\ 0 & 0 & 1 \end{pmatrix} = |A|\,E$$

同様に，列に関する展開より $\widetilde{A}A = |A|\,E$ が成り立つ．

これらをまとめて，次の公式が得られる．

●余因子行列の性質

$$A\widetilde{A} = \widetilde{A}A = |A|\,E \tag{6}$$

n 次の正方行列 A が正則であるとき，すなわち A の逆行列が存在するとき，99 ページの例題 6 で証明したように，行列式 $|A|$ の値は 0 でない．

逆に，$|A| \neq 0$ であるとき，(6) の各辺を行列式 $|A|$ で割ると

$$A\left(\frac{1}{|A|}\widetilde{A}\right) = \left(\frac{1}{|A|}\widetilde{A}\right)A = E$$

したがって，A は正則で，逆行列は $A^{-1} = \dfrac{1}{|A|}\widetilde{A}$ で与えられる．

以上より，次の公式が得られる．

●正則であるための条件と逆行列

正方行列 A について　　A が正則 $\Longleftrightarrow |A| \neq 0$

このとき　$A^{-1} = \dfrac{1}{|A|}\widetilde{A}$

 例題 3 次の行列は正則であるかどうかを調べよ．正則ならば，逆行列を求めよ．

$$A = \begin{pmatrix} 3 & 1 & 2 \\ 3 & 2 & 1 \\ 4 & 2 & 3 \end{pmatrix}$$

解 $|A| = 3 \neq 0$ だから，A は正則である．

小行列式を計算すると

$$D_{11} = \begin{vmatrix} 2 & 1 \\ 2 & 3 \end{vmatrix} = 4 \quad D_{12} = \begin{vmatrix} 3 & 1 \\ 4 & 3 \end{vmatrix} = 5 \quad D_{13} = \begin{vmatrix} 3 & 2 \\ 4 & 2 \end{vmatrix} = -2$$

$$D_{21} = \begin{vmatrix} 1 & 2 \\ 2 & 3 \end{vmatrix} = -1 \quad D_{22} = \begin{vmatrix} 3 & 2 \\ 4 & 3 \end{vmatrix} = 1 \quad D_{23} = \begin{vmatrix} 3 & 1 \\ 4 & 2 \end{vmatrix} = 2$$

$$D_{31} = \begin{vmatrix} 1 & 2 \\ 2 & 1 \end{vmatrix} = -3 \quad D_{32} = \begin{vmatrix} 3 & 2 \\ 3 & 1 \end{vmatrix} = -3 \quad D_{33} = \begin{vmatrix} 3 & 1 \\ 3 & 2 \end{vmatrix} = 3$$

これから

$$\tilde{A} = \begin{pmatrix} 4 & 1 & -3 \\ -5 & 1 & 3 \\ -2 & -2 & 3 \end{pmatrix} \quad \therefore \quad A^{-1} = \frac{1}{3}\begin{pmatrix} 4 & 1 & -3 \\ -5 & 1 & 3 \\ -2 & -2 & 3 \end{pmatrix} \quad //$$

問・3 次の行列は正則であるかどうかを調べよ．正則ならば，その逆行列を求めよ．

(1) $\begin{pmatrix} 3 & -4 & 2 \\ 2 & -4 & 3 \\ -2 & 0 & -1 \end{pmatrix}$ (2) $\begin{pmatrix} 1 & -2 & 3 \\ -3 & -1 & 1 \\ -2 & -3 & 4 \end{pmatrix}$

②3 連立1次方程式と行列式

78ページで述べたように，未知数 x_1，x_2，x_3 に関する連立1次方程式は

$$A\vec{x} = \vec{b} \qquad (1)$$

と表すことができる．ただし

$$A = \begin{pmatrix} a_{11} & a_{12} & a_{13} \\ a_{21} & a_{22} & a_{23} \\ a_{31} & a_{32} & a_{33} \end{pmatrix}, \quad \vec{x} = \begin{pmatrix} x_1 \\ x_2 \\ x_3 \end{pmatrix}, \quad \vec{b} = \begin{pmatrix} b_1 \\ b_2 \\ b_3 \end{pmatrix}$$

さらに，$|A| \neq 0$ のときは，解は

$$\vec{x} = A^{-1}\vec{b} \qquad (2)$$

で求められる．107ページの公式より，$A^{-1} = \dfrac{1}{|A|}\widetilde{A}$ だから

$$\vec{x} = \frac{1}{|A|}\widetilde{A}\vec{b} = \frac{1}{|A|}\begin{pmatrix} D_{11} & -D_{21} & D_{31} \\ -D_{12} & D_{22} & -D_{32} \\ D_{13} & -D_{23} & D_{33} \end{pmatrix}\begin{pmatrix} b_1 \\ b_2 \\ b_3 \end{pmatrix}$$

したがって

$$x_1 = \frac{1}{|A|}(b_1D_{11} - b_2D_{21} + b_3D_{31})$$

行列式の第1列に関する展開の公式より

$$x_1 = \frac{1}{|A|}\begin{vmatrix} b_1 & a_{12} & a_{13} \\ b_2 & a_{22} & a_{23} \\ b_3 & a_{32} & a_{33} \end{vmatrix}$$

となる．x_2, x_3 についても同様に

$$x_2 = \frac{1}{|A|}\begin{vmatrix} a_{11} & b_1 & a_{13} \\ a_{21} & b_2 & a_{23} \\ a_{31} & b_3 & a_{33} \end{vmatrix}, \quad x_3 = \frac{1}{|A|}\begin{vmatrix} a_{11} & a_{12} & b_1 \\ a_{21} & a_{22} & b_2 \\ a_{31} & a_{32} & b_3 \end{vmatrix}$$

以上より，次の**クラメルの公式**が得られる．

●クラメルの公式

3次の正方行列 A は正則とする．このとき連立1次方程式 $A\vec{x}=\vec{b}$ の解 x_1, x_2, x_3 は，行列式 $|A|$ の第 j 列を $\vec{b}$ で置き換えて得られる行列式を Δ_j $(j=1,\ 2,\ 3)$ とおくと

$$x_1=\frac{\Delta_1}{|A|},\quad x_2=\frac{\Delta_2}{|A|},\quad x_3=\frac{\Delta_3}{|A|}$$

●注…… A が3次以外の正方行列の場合も，同様の公式が成り立つ．

例題 4 行列式を用いて，次の連立1次方程式を解け．

$$\begin{cases} x+2y+\ z=6 \\ 3x+4y-2z=19 \\ 4x-2y+3z=5 \end{cases}$$

解

$$|A|=\begin{vmatrix} 1 & 2 & 1 \\ 3 & 4 & -2 \\ 4 & -2 & 3 \end{vmatrix}=-48 \qquad \Delta_1=\begin{vmatrix} 6 & 2 & 1 \\ 19 & 4 & -2 \\ 5 & -2 & 3 \end{vmatrix}=-144$$

$$\Delta_2=\begin{vmatrix} 1 & 6 & 1 \\ 3 & 19 & -2 \\ 4 & 5 & 3 \end{vmatrix}=-96 \qquad \Delta_3=\begin{vmatrix} 1 & 2 & 6 \\ 3 & 4 & 19 \\ 4 & -2 & 5 \end{vmatrix}=48$$

よって，クラメルの公式により

$$x=\frac{-144}{-48}=3,\quad y=\frac{-96}{-48}=2,\quad z=\frac{48}{-48}=-1 \qquad //$$

問・4 次の連立1次方程式をクラメルの公式を用いて解け．

(1) $\begin{cases} 2x-3y=1 \\ x-4y=3 \end{cases}$

(2) $\begin{cases} 3x-5y-5z=0 \\ 2x-7y-5z=-1 \\ 5x+6y-2z=3 \end{cases}$

109 ページの (1) において $\vec{b}=\vec{0}$ であるときの連立 1 次方程式

$$A\vec{x}=\vec{0} \tag{3}$$

の解について考えよう.

(i) $|A| \neq 0$, すなわち A が正則である場合

(3) より $\vec{x}=A^{-1}\vec{0}=\vec{0}$, よって, (3) の解は $\vec{0}$ だけである.

(ii) $|A|=0$, すなわち A が正則でない場合

このときも $\vec{x}=\vec{0}$ は (3) の解であるが, 消去法を用いてこれ以外にも解をもつことが示される.

(i), (ii) をまとめると, 次のようになる.

● $A\vec{x}=\vec{0}$ が $\vec{0}$ 以外の解をもつ条件

A を正方行列とするとき, 連立 1 次方程式 $A\vec{x}=\vec{0}$ が $\vec{0}$ 以外の解をもつための必要十分条件は, $|A|=0$, すなわち A が正則でないことである.

例題 5 次の連立 1 次方程式が $x=y=z=0$ 以外の解をもつように定数 k の値を定めよ. また, そのときの解を求めよ.

$$\begin{cases} x+2y+z=0 \\ -2x+3y-z=0 \\ -x+ky+z=0 \end{cases}$$

解 係数行列の行列式 $=0$ より

$$\begin{vmatrix} 1 & 2 & 1 \\ -2 & 3 & -1 \\ -1 & k & 1 \end{vmatrix} = -k+12=0 \qquad \therefore \quad k=12$$

方程式の右辺の列ベクトルは $\vec{0}$ だから, 解を求めるには係数行列だけを変形すればよい.

$$\begin{pmatrix} 1 & 2 & 1 \\ -2 & 3 & -1 \\ -1 & 12 & 1 \end{pmatrix} \xrightarrow[3行+1行\times 1]{2行+1行\times 2} \begin{pmatrix} 1 & 2 & 1 \\ 0 & 7 & 1 \\ 0 & 14 & 2 \end{pmatrix}$$

$$\xrightarrow{3行-2行\times 2} \begin{pmatrix} 1 & 2 & 1 \\ 0 & 7 & 1 \\ 0 & 0 & 0 \end{pmatrix}$$

連立1次方程式に戻すと

$$\begin{cases} x + 2y + z = 0 \\ 7y + z = 0 \end{cases}$$

したがって，連立1次方程式の解は

$$x = -\frac{5}{7}t,\ y = -\frac{1}{7}t,\ z = t \qquad (t\ は任意の数)$$ //

問・5 次の連立1次方程式 (1) は $x = y = 0$ 以外，(2) は $x = y = z = 0$ 以外の解をもつように定数 k の値を定めよ．また，そのときの解を求めよ．

(1) $\begin{cases} 5x + ky = 0 \\ \dfrac{15}{2}x + 6y = 0 \end{cases}$　　(2) $\begin{cases} x + 3y - z = 0 \\ x + 4y - 2z = 0 \\ kx + 7y - 3z = 0 \end{cases}$

空間内にベクトル $\vec{a}$, $\vec{b}$, $\vec{c}$ をとり，その成分を列ベクトルで表し

$$\vec{a} = \begin{pmatrix} a_1 \\ a_2 \\ a_3 \end{pmatrix},\ \vec{b} = \begin{pmatrix} b_1 \\ b_2 \\ b_3 \end{pmatrix},\ \vec{c} = \begin{pmatrix} c_1 \\ c_2 \\ c_3 \end{pmatrix}$$

とおく．このとき，45ページより，$\vec{a}$, $\vec{b}$, $\vec{c}$ が線形独立であるための必要十分条件は，線形結合の係数を x, y, z とするとき

$$x\vec{a} + y\vec{b} + z\vec{c} = \vec{0} \iff x = y = z = 0 \tag{4}$$

左側の線形結合の式は

$$x\begin{pmatrix} a_1 \\ a_2 \\ a_3 \end{pmatrix} + y\begin{pmatrix} b_1 \\ b_2 \\ b_3 \end{pmatrix} + z\begin{pmatrix} c_1 \\ c_2 \\ c_3 \end{pmatrix} = \begin{pmatrix} a_1 & b_1 & c_1 \\ a_2 & b_2 & c_2 \\ a_3 & b_3 & c_3 \end{pmatrix}\begin{pmatrix} x \\ y \\ z \end{pmatrix}$$

と表すことができるから，(4) は，連立 1 次方程式

$$\begin{pmatrix} a_1 & b_1 & c_1 \\ a_2 & b_2 & c_2 \\ a_3 & b_3 & c_3 \end{pmatrix}\begin{pmatrix} x \\ y \\ z \end{pmatrix} = \begin{pmatrix} 0 \\ 0 \\ 0 \end{pmatrix}$$

の解が $x = y = z = 0$ だけであることを示している．

したがって，111 ページの条件より，次のことが成り立つ．

●線形独立であるための条件（空間の場合）

$\vec{a} = \begin{pmatrix} a_1 \\ a_2 \\ a_3 \end{pmatrix}$, $\vec{b} = \begin{pmatrix} b_1 \\ b_2 \\ b_3 \end{pmatrix}$, $\vec{c} = \begin{pmatrix} c_1 \\ c_2 \\ c_3 \end{pmatrix}$ が線形独立であるための必要十分条件は $\vec{a}, \vec{b}, \vec{c}$ を並べてできる行列が正則であることである．

●**注**……平面のベクトルの場合も同様に，$\vec{a}, \vec{b}$ が線形独立であるための必要十分条件は $\vec{a}, \vec{b}$ を並べてできる行列が正則であることである．

問・6 次のベクトルの組は線形独立か，線形従属かを調べよ．

(1) $\vec{a} = \begin{pmatrix} 5 \\ 1 \end{pmatrix}$, $\vec{b} = \begin{pmatrix} -2 \\ 3 \end{pmatrix}$

(2) $\vec{a} = \begin{pmatrix} 1 \\ 4 \\ 1 \end{pmatrix}$, $\vec{b} = \begin{pmatrix} 3 \\ -3 \\ -2 \end{pmatrix}$, $\vec{c} = \begin{pmatrix} 5 \\ 2 \\ -1 \end{pmatrix}$

3章 行列式

4次の列ベクトル

$$\vec{a} = \begin{pmatrix} a_1 \\ a_2 \\ a_3 \\ a_4 \end{pmatrix}, \ \vec{b} = \begin{pmatrix} b_1 \\ b_2 \\ b_3 \\ b_4 \end{pmatrix}, \ \vec{c} = \begin{pmatrix} c_1 \\ c_2 \\ c_3 \\ c_4 \end{pmatrix}, \ \vec{d} = \begin{pmatrix} d_1 \\ d_2 \\ d_3 \\ d_4 \end{pmatrix}$$

について，(4) と同様な条件

$$x\vec{a} + y\vec{b} + z\vec{c} + w\vec{d} = \vec{0} \iff x = y = z = w = 0 \tag{5}$$

が成り立つとき，$\vec{a}$, $\vec{b}$, $\vec{c}$, $\vec{d}$ は線形独立であると定義する．

この場合も，$\vec{a}$, $\vec{b}$, $\vec{c}$, $\vec{d}$ が線形独立であるための必要十分条件は，$\vec{a}$, $\vec{b}$, $\vec{c}$, $\vec{d}$ を並べてできる行列が正則であることである．

一般の n 次の列ベクトルの場合も同様である．

2 4 行列式の図形的意味

平面上のベクトル $\vec{a} = \begin{pmatrix} a_1 \\ a_2 \end{pmatrix}$, $\vec{b} = \begin{pmatrix} b_1 \\ b_2 \end{pmatrix}$ を，どちらも点 P が始点となるようにとり，終点をそれぞれ A, B とする．

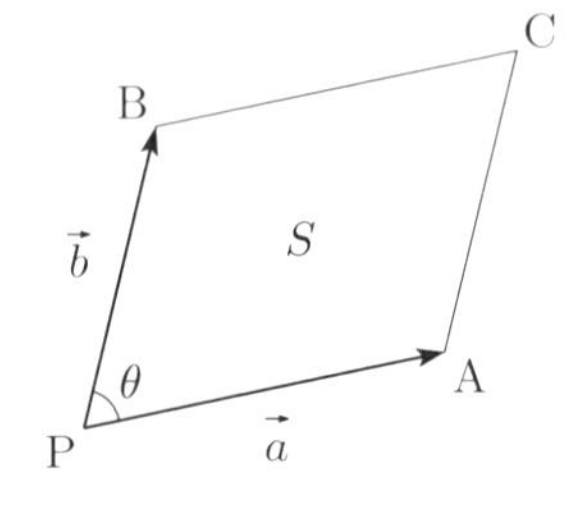

このとき，PA と PB を隣り合う2辺とする平行四辺形 PACB の面積 S を求めよう．

$\vec{a}$ と $\vec{b}$ のなす角を θ $(0 \leqq \theta \leqq \pi)$ とすると

$$S = |\vec{a}||\vec{b}|\sin\theta$$

両辺を2乗すると

$$S^2 = |\vec{a}|^2|\vec{b}|^2\sin^2\theta = |\vec{a}|^2|\vec{b}|^2(1-\cos^2\theta) = |\vec{a}|^2|\vec{b}|^2 - (\vec{a}\cdot\vec{b})^2 \tag{1}$$

ここで

$$|\vec{a}|^2 = {a_1}^2 + {a_2}^2, \quad |\vec{b}|^2 = {b_1}^2 + {b_2}^2, \quad \vec{a}\cdot\vec{b} = a_1b_1 + a_2b_2$$

を代入すると

$$S^2 = ({a_1}^2 + {a_2}^2)({b_1}^2 + {b_2}^2) - (a_1b_1 + a_2b_2)^2$$

$$= {a_1}^2{b_2}^2 - 2a_1b_1a_2b_2 + {a_2}^2{b_1}^2 = (a_1b_2 - a_2b_1)^2$$

したがって

$$S = |a_1b_2 - a_2b_1|$$

$a_1b_2 - a_2b_1$ は行列式 $\begin{vmatrix} a_1 & b_1 \\ a_2 & b_2 \end{vmatrix}$ に等しいから，次の公式が得られる．

平行四辺形の面積

$\overrightarrow{\mathrm{PA}} = \begin{pmatrix} a_1 \\ a_2 \end{pmatrix}$, $\overrightarrow{\mathrm{PB}} = \begin{pmatrix} b_1 \\ b_2 \end{pmatrix}$ とおくとき，PA と PB を隣り合う 2 辺とする平行四辺形の面積は，行列式 $\begin{vmatrix} a_1 & b_1 \\ a_2 & b_2 \end{vmatrix}$ の絶対値に等しい．

例 2 P(3, 2), A(4, 5), B(6, 3) のとき，$\overrightarrow{\mathrm{PA}} = \begin{pmatrix} 1 \\ 3 \end{pmatrix}$, $\overrightarrow{\mathrm{PB}} = \begin{pmatrix} 3 \\ 1 \end{pmatrix}$ より，行列式の値は $\begin{vmatrix} 1 & 3 \\ 3 & 1 \end{vmatrix} = -8$ である．したがって，PA と PB を隣り合う 2 辺とする平行四辺形の面積は $|-8| = 8$ である．

問・7 平面上に 3 点 A(4, −5), B(1, −1), C(2, 3) があるとき，△ABC の面積を求めよ．

空間内のベクトル $\vec{a}$, $\vec{b}$, $\vec{c}$ について

$$\overrightarrow{\mathrm{PA}} = \vec{a} = \begin{pmatrix} a_1 \\ a_2 \\ a_3 \end{pmatrix}, \quad \overrightarrow{\mathrm{PB}} = \vec{b} = \begin{pmatrix} b_1 \\ b_2 \\ b_3 \end{pmatrix}, \quad \overrightarrow{\mathrm{PC}} = \vec{c} = \begin{pmatrix} c_1 \\ c_2 \\ c_3 \end{pmatrix}$$

とする．このとき PA, PB, PC を隣り合う 3 辺とする平行六面体の体積 V を求めよう．

底面はPA, PBを隣り合う2辺とする平行四辺形で，(1) より

$$S^2 = \left|\vec{a}\right|^2\left|\vec{b}\right|^2 - \left(\vec{a}\cdot\vec{b}\right)^2$$

である．

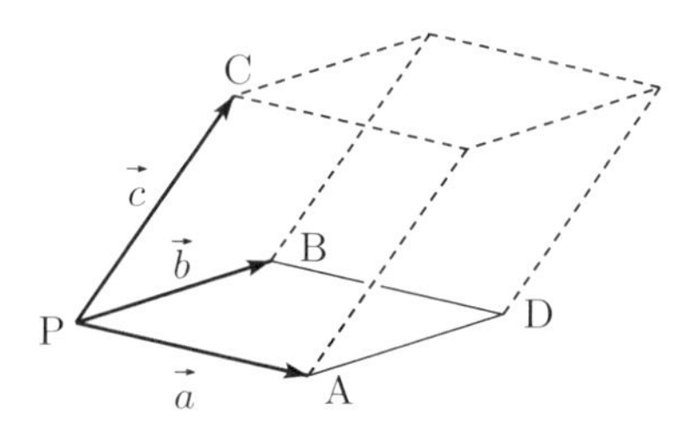

$$\left|\vec{a}\right|^2 = {a_1}^2 + {a_2}^2 + {a_3}^2$$

$$\left|\vec{b}\right|^2 = {b_1}^2 + {b_2}^2 + {b_3}^2$$

$$\vec{a}\cdot\vec{b} = a_1b_1 + a_2b_2 + a_3b_3$$

を代入して計算すると

$$S^2 = (a_2b_3 - a_3b_2)^2 + (a_3b_1 - a_1b_3)^2 + (a_1b_2 - a_2b_1)^2 \tag{2}$$

ここで，ベクトル$\vec{v}$を次のように定める．

$$\vec{v} = \begin{pmatrix} a_2b_3 - a_3b_2 \\ a_3b_1 - a_1b_3 \\ a_1b_2 - a_2b_1 \end{pmatrix} \tag{3}$$

このとき，(2) より $S = \left|\vec{v}\right|$ が成り立つ．

また

$$\vec{a}\cdot\vec{v} = a_1(a_2b_3 - a_3b_2) + a_2(a_3b_1 - a_1b_3) + a_3(a_1b_2 - a_2b_1) = 0$$

同様に，$\vec{b}\cdot\vec{v} = 0$ が成り立つから，$\vec{v}$ は平行四辺形PADBに垂直である．

点Cから底面までの高さを h,

$\vec{v}$ と $\vec{c}$ のなす角を φ とすると

$$h = \left|\vec{c}\right|\left|\cos\varphi\right|$$

よって

$$\begin{aligned} V &= Sh \\ &= \left|\vec{v}\right|\left|\vec{c}\right|\left|\cos\varphi\right| \\ &= \left|\vec{v}\cdot\vec{c}\right| \end{aligned}$$

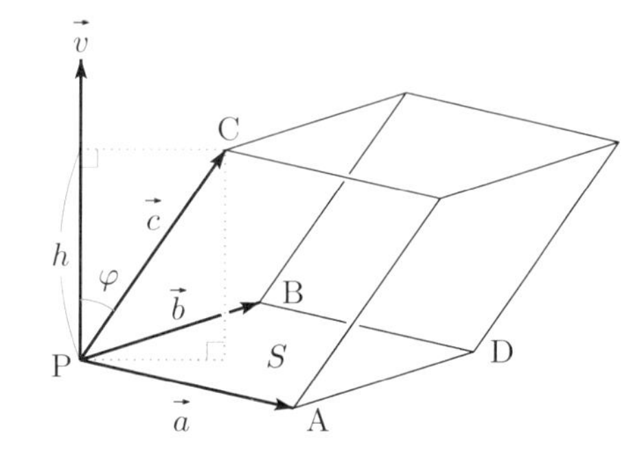

$\vec{v}$ と $\vec{c}$ の内積を計算すると

$$\begin{aligned} \vec{v}\cdot\vec{c} &= (a_2b_3 - a_3b_2)c_1 + (a_3b_1 - a_1b_3)c_2 + (a_1b_2 - a_2b_1)c_3 \\ &= a_2b_3c_1 - a_3b_2c_1 + a_3b_1c_2 - a_1b_3c_2 + a_1b_2c_3 - a_2b_1c_3 \end{aligned}$$

$$= \begin{vmatrix} a_1 & b_1 & c_1 \\ a_2 & b_2 & c_2 \\ a_3 & b_3 & c_3 \end{vmatrix}$$

以上より，次の公式が得られる．

●平行六面体の体積

$\overrightarrow{\mathrm{PA}} = \begin{pmatrix} a_1 \\ a_2 \\ a_3 \end{pmatrix}$, $\overrightarrow{\mathrm{PB}} = \begin{pmatrix} b_1 \\ b_2 \\ b_3 \end{pmatrix}$, $\overrightarrow{\mathrm{PC}} = \begin{pmatrix} c_1 \\ c_2 \\ c_3 \end{pmatrix}$ とおくとき，PA, PB, PC を隣り合う 3 辺とする平行六面体の体積は，$\overrightarrow{\mathrm{PA}}$, $\overrightarrow{\mathrm{PB}}$, $\overrightarrow{\mathrm{PC}}$ を並べてできる行列式の絶対値に等しい．

●注…… (3) のベクトル $\vec{v}$ は $\vec{a}$ と $\vec{b}$ の**外積**と呼ばれている．

問・8 次の 3 つのベクトルから作られる平行六面体の体積を求めよ．

$$\vec{a} = \begin{pmatrix} 1 \\ 5 \\ 0 \end{pmatrix}, \ \vec{b} = \begin{pmatrix} 2 \\ 4 \\ -1 \end{pmatrix}, \ \vec{c} = \begin{pmatrix} 3 \\ 3 \\ 4 \end{pmatrix}$$

コラム

外積

第1章のコラムで，ベクトル $\vec{a}$, $\vec{b}$ の外積 $\vec{a}\times\vec{b}$ は $\vec{a}$, $\vec{b}$ を2隣辺とする平行四辺形の面積により定められるとした．たしかに平面のベクトル $\vec{a}=(a_1,\ a_2)$, $\vec{b}=(b_1,\ b_2)$ のときは，115ページの公式より，向きも考えて

$$\vec{a}\times\vec{b}=\begin{vmatrix} a_1 & b_1 \\ a_2 & b_2 \end{vmatrix}=a_1b_2-a_2b_1 \tag{1}$$

と定義すれば，$|\vec{a}\times\vec{b}|$ は $\vec{a}$, $\vec{b}$ の定める平行四辺形の面積である．また

$$\vec{b}\times\vec{a}=-\vec{a}\times\vec{b}$$

となるから，交換法則は成り立たないが，分配法則

$$\vec{a}\times(\vec{b}+\vec{c})=\vec{a}\times\vec{b}+\vec{a}\times\vec{c}$$

は満たされる．分配法則は，積のもつ本質的な性質である．

一方，空間のベクトル $\vec{a}=(a_1,\ a_2,\ a_3)$, $\vec{b}=(b_1,\ b_2,\ b_3)$ の場合には，これらの定める平行四辺形の面積は，116ページのベクトル $\vec{v}$ の大きさ

$$|\vec{v}|=\sqrt{(a_2b_3-a_3b_2)^2+(a_3b_1-a_1b_3)^2+(a_1b_2-a_2b_1)^2} \tag{2}$$

であって，外積 $\vec{a}\times\vec{b}$ を(2)の右辺で定義しても，分配法則は成り立たない．しかし，空間のベクトルの外積をベクトル $\vec{v}$ それ自体，すなわち

$$\vec{a}\times\vec{b}=(a_2b_3-a_3b_2,\ a_3b_1-a_1b_3,\ a_1b_2-a_2b_1) \tag{3}$$

と定義することにより，分配法則が満たされることになる．

空間のベクトルの外積(3)は，大きさが $\vec{a}$, $\vec{b}$ の定める平行四辺形の面積に等しく，$\vec{a}$, $\vec{b}$ の両方に垂直なベクトルである．さらに，向きは $\vec{a}$ を $\vec{b}$ に重なるように右ねじを回したとき，そのねじの進む方向であることが知られている．

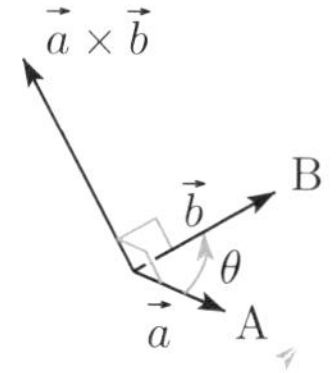

第1章のコラムでもふれたグラスマンは，一般のベクトルの代数，すなわち線形代数の体系をほとんど独力でつくり上げたのである．

練習問題 2・A

1. 余因子行列を利用して次の行列の逆行列を求めよ.

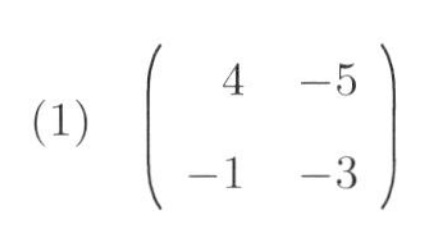

(1) $\begin{pmatrix} 4 & -5 \\ -1 & -3 \end{pmatrix}$ (2) $\begin{pmatrix} 0 & 3 & 2 \\ 3 & 3 & 1 \\ 2 & 1 & 1 \end{pmatrix}$

2. 次の連立方程式をクラメルの公式を用いて解け.

(1) $\begin{cases} 2x - 5y = 1 \\ 5x + 2y = -2 \end{cases}$ (2) $\begin{cases} x + 5y + z = 0 \\ 4x - 3y + 6z = 1 \\ 3x - 2y + 4z = 1 \end{cases}$

3. 次の 3 つのベクトルが線形従属になるように, a の値を定めよ.

$$\begin{pmatrix} 1 \\ 4 \\ -4 \end{pmatrix}, \begin{pmatrix} 1 \\ -3 \\ 1 \end{pmatrix}, \begin{pmatrix} 3 \\ -2 \\ a \end{pmatrix}$$

4. 空間内の 4 点 A(3, 2, 4), B(4, 3, 7), C(8, 4, 2), D(5, 1, 1) について, ベクトル $\overrightarrow{AB}$, $\overrightarrow{AC}$, $\overrightarrow{AD}$ から作られる平行六面体の体積を求めよ.

5. 空間内の 4 点 A(2, −4, −3), B(2, 1, 2), C(−1, −7, a), D(6, −2, −5) が同じ平面上にあるように, a の値を定めよ.

6. 平面上に 3 点 A(a_1, a_2), B(b_1, b_2), C(c_1, c_2) があるとき, △ABC の面積は, 次の値の絶対値に等しいことを証明せよ.

$$\frac{1}{2}\begin{vmatrix} 1 & 1 & 1 \\ a_1 & b_1 & c_1 \\ a_2 & b_2 & c_2 \end{vmatrix}$$

練習問題 2・B

1. 次の連立1次方程式を解け．ただし，a, b, c は定数であり，係数行列の行列式は0でないとする．

(1) $\begin{cases} ax+by+cz=b \\ bx+cy+az=c \\ cx+ay+bz=a \end{cases}$　　(2) $\begin{cases} ax+by+cz=1 \\ a^2x+b^2y+c^2z=1 \\ a^3x+b^3y+c^3z=1 \end{cases}$

2. n 次の正方行列 A が正則のとき，A の余因子行列 $\widetilde{A}$ の行列式 $|\widetilde{A}|$ は $|A|^{n-1}$ に等しいことを証明せよ．

3. 空間内の点 $\mathrm{A}(a_1,\ a_2,\ a_3)$, $\mathrm{B}(b_1,\ b_2,\ b_3)$ および原点 O について，ベクトル $\overrightarrow{\mathrm{OA}}$, $\overrightarrow{\mathrm{OB}}$ は線形独立とする．3点 O, A, B を通る平面を α とおくとき，次の (1), (2) を証明せよ．

(1) 平面 α 上の任意の点を $\mathrm{P}(x,\ y,\ z)$ とするとき

$$\begin{vmatrix} x & a_1 & b_1 \\ y & a_2 & b_2 \\ z & a_3 & b_3 \end{vmatrix} = 0$$

(2) 平面 α の方程式は

$$\begin{vmatrix} a_2 & b_2 \\ a_3 & b_3 \end{vmatrix} x - \begin{vmatrix} a_1 & b_1 \\ a_3 & b_3 \end{vmatrix} y + \begin{vmatrix} a_1 & b_1 \\ a_2 & b_2 \end{vmatrix} z = 0$$

4. 次の連立1次方程式が $x=y=z=0$ 以外の解をもつように定数 k の値を定めよ．また，そのときの解を求めよ．

$$\begin{cases} 2x+\ \ y-\ \ z=kx \\ 3x+2y-3z=ky \\ 3x+\ \ y-2z=kz \end{cases}$$

4章 行列の応用

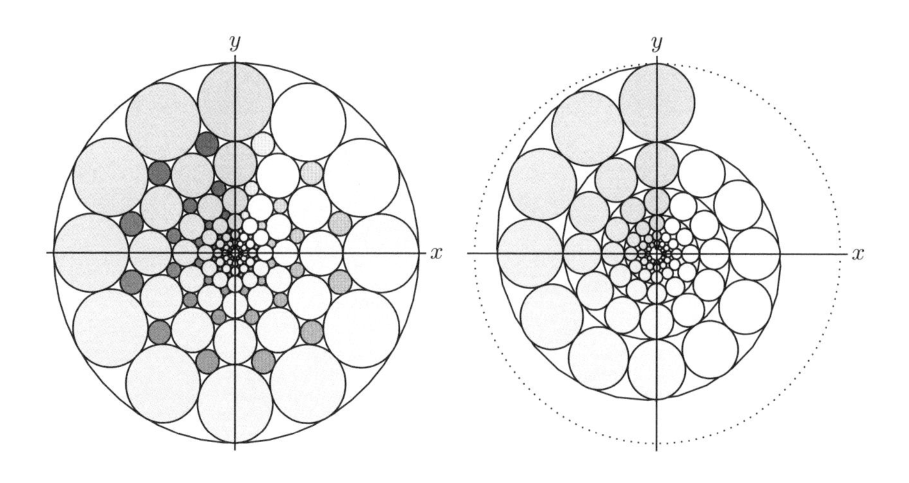

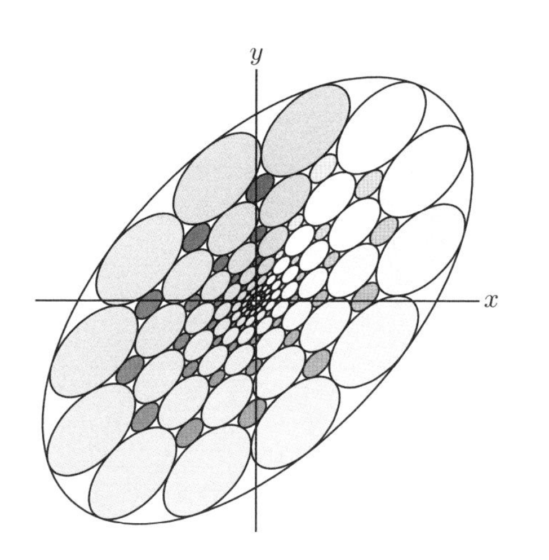

点や図形の移動を考えるとき，行列が重要な役割を果たす．

○ 上図は，回転や拡大・縮小

$$r\begin{pmatrix} \cos\theta & -\sin\theta \\ \sin\theta & \cos\theta \end{pmatrix}$$

○ 左図は $y=x$ 方向に 1.3 倍，$y=-x$ 方向に 0.7 倍の変換

$$\begin{pmatrix} 1 & 0.3 \\ 0.3 & 1 \end{pmatrix}$$

●この章を学ぶために

点 P などの位置ベクトルを $\boldsymbol{p}$ などと表すことにすると，行列 A について，$\boldsymbol{q} = A\boldsymbol{p}$ は $\boldsymbol{p}$ からベクトル $\boldsymbol{q}$ への対応であり，線形変換といわれる．原点を中心とする回転，拡大・縮小，対称移動は線形変換で，これらを組み合わせることで様々な線形変換を求めることができる．第 1 節では，線形変換の性質とそれを表す行列について学ぶ．また，$A\boldsymbol{p}$ と $\boldsymbol{p}$ が平行，すなわち $A\boldsymbol{p} = m\boldsymbol{p}$ となる実数 m とベクトル $\boldsymbol{p}$ をそれぞれ固有値，固有ベクトルという．第 2 節ではこれらを求めることおよびその応用について学ぶ．

1 線形変換

1.1 線形変換の定義

この章では，ベクトルを太文字 $\boldsymbol{p}$, $\boldsymbol{q}$, $\cdots$ で表す．また，ベクトルの成分表示は列ベクトルを用いることにする．

座標平面上の任意の点 $\mathrm{P}(x,\ y)$ を x 座標を 2 倍，y 座標を 3 倍した点 $\mathrm{P}'(x',\ y')$ に移すとすると

$$\begin{cases} x' = 2x \\ y' = 3y \end{cases} \qquad (1)$$

という関係が成り立つ．

このように座標平面上で点 $\mathrm{P}(x,\ y)$ に点 $\mathrm{P}'(x',\ y')$ を定める対応を平面上の**変換**といい，これを記号 f を用いて

$$f : (x,\ y) \longmapsto (x',\ y') \quad \text{または} \quad \mathrm{P}' = f(\mathrm{P})$$

のように表す．点 P' を変換 f による点 P の**像**という．

問・1 点 $\mathrm{P}(x,\ y)$ を x 軸に関して線対称である点 $\mathrm{P}'(x',\ y')$ に移す変換を (1) のように表せ．

平面上の点を平面上の点に移す変換

$$f : (x,\ y) \longmapsto (x',\ y')$$

において，x'，y' が定数項のない x，y の 1 次式

$$\begin{cases} x' = ax + by \\ y' = cx + dy \end{cases} \qquad (a,\ b,\ c,\ d \text{ は定数}) \qquad (2)$$

で表されるとき，この変換 f を**線形変換**または**1 次変換**という．

(2) は行列を用いて次のように書くことができる．

$$\begin{pmatrix} x' \\ y' \end{pmatrix} = \begin{pmatrix} ax + by \\ cx + dy \end{pmatrix} = \begin{pmatrix} a & b \\ c & d \end{pmatrix}\begin{pmatrix} x \\ y \end{pmatrix}$$

このことから，線形変換 f は

$$\begin{pmatrix} x' \\ y' \end{pmatrix} = A\begin{pmatrix} x \\ y \end{pmatrix} \qquad \text{ただし} \qquad A = \begin{pmatrix} a & b \\ c & d \end{pmatrix}$$

と表される．この行列 A を**線形変換 f を表す行列**という．また，変換 f を**行列 A の表す線形変換**という．

例 1 x 座標を 2 倍，y 座標を 3 倍する変換 (1) は

$$\begin{pmatrix} x' \\ y' \end{pmatrix} = \begin{pmatrix} 2x \\ 3y \end{pmatrix} = \begin{pmatrix} 2 & 0 \\ 0 & 3 \end{pmatrix}\begin{pmatrix} x \\ y \end{pmatrix}$$

で表されるから，線形変換で，この変換を表す行列は $\begin{pmatrix} 2 & 0 \\ 0 & 3 \end{pmatrix}$

●**注**…· (2) で $x = 0$，$y = 0$ とすると，$x' = 0$，$y' = 0$ となる．したがって，線形変換においては，原点は常に原点に移される．

問・2 線形変換であるものを選び，その変換を表す行列を求めよ．

(1) 点 P を x 軸に関して線対称である点 P$'$ に移す．

(2) 点 P を y 軸に関して線対称である点 P$'$ に移す．

(3) 点 P を x 軸方向に 1，y 軸方向に -2 平行移動した点 P$'$ に移す．

例題 1 行列 $\begin{pmatrix} -3 & 1 \\ 2 & -4 \end{pmatrix}$ の表す線形変換を f とするとき，点 P(3, 1), Q(−1, 2) の像 $\mathrm{P}' = f(\mathrm{P})$, $\mathrm{Q}' = f(\mathrm{Q})$ の座標を求めよ．

解 $\begin{pmatrix} x' \\ y' \end{pmatrix} = \begin{pmatrix} -3 & 1 \\ 2 & -4 \end{pmatrix}\begin{pmatrix} x \\ y \end{pmatrix}$ より

$$\mathrm{P}' : \begin{pmatrix} x' \\ y' \end{pmatrix} = \begin{pmatrix} -3 & 1 \\ 2 & -4 \end{pmatrix}\begin{pmatrix} 3 \\ 1 \end{pmatrix} = \begin{pmatrix} -8 \\ 2 \end{pmatrix}$$

$$\mathrm{Q}' : \begin{pmatrix} x' \\ y' \end{pmatrix} = \begin{pmatrix} -3 & 1 \\ 2 & -4 \end{pmatrix}\begin{pmatrix} -1 \\ 2 \end{pmatrix} = \begin{pmatrix} 5 \\ -10 \end{pmatrix}$$

よって，P′, Q′ の座標はそれぞれ　(−8, 2), (5, −10)　//

問・3 次の線形変換を表す行列を求めよ．また，点 (2, 3) の像の座標を求めよ．

(1) $\begin{pmatrix} x' \\ y' \end{pmatrix} = \begin{pmatrix} 2x + 3y \\ x - 2y \end{pmatrix}$　　(2) $\begin{pmatrix} x' \\ y' \end{pmatrix} = \begin{pmatrix} -y \\ 2x \end{pmatrix}$

点 P, P′ の位置ベクトルをそれぞれ

$$\boldsymbol{p} = \overrightarrow{\mathrm{OP}} = \begin{pmatrix} x \\ y \end{pmatrix}, \ \boldsymbol{p}' = \overrightarrow{\mathrm{OP}'} = \begin{pmatrix} x' \\ y' \end{pmatrix}$$

で表すと，線形変換はベクトル $\boldsymbol{p}$ をベクトル $\boldsymbol{p}'$ に対応させる変換とみることもできる．これを

$$f : \begin{pmatrix} x \\ y \end{pmatrix} \longmapsto \begin{pmatrix} x' \\ y' \end{pmatrix} \quad \text{または} \quad \boldsymbol{p}' = f(\boldsymbol{p})$$

で表す．$\boldsymbol{p}'$ を線形変換 f による $\boldsymbol{p}$ の**像**という．

単位行列の表す線形変換を f とする．行列を用いて f を表すと

$$\begin{pmatrix} x' \\ y' \end{pmatrix} = \begin{pmatrix} 1 & 0 \\ 0 & 1 \end{pmatrix}\begin{pmatrix} x \\ y \end{pmatrix} = \begin{pmatrix} x \\ y \end{pmatrix}$$

したがって，f は任意の点（またはベクトル）をそれ自身に対応させる変換である．これを**恒等変換**という．

以後，基本ベクトルを $\boldsymbol{e}_1$，$\boldsymbol{e}_2$ で表す．

$$\boldsymbol{e}_1 = \begin{pmatrix} 1 \\ 0 \end{pmatrix},\ \boldsymbol{e}_2 = \begin{pmatrix} 0 \\ 1 \end{pmatrix}$$

線形変換 f が行列 $A = \begin{pmatrix} a & b \\ c & d \end{pmatrix}$ で表されるとき

$$f(\boldsymbol{e}_1) = A\boldsymbol{e}_1 = \begin{pmatrix} a \\ c \end{pmatrix},\ f(\boldsymbol{e}_2) = A\boldsymbol{e}_2 = \begin{pmatrix} b \\ d \end{pmatrix}$$

すなわち，f による $\boldsymbol{e}_1$，$\boldsymbol{e}_2$ の像は行列 A のそれぞれ第 1 列，第 2 列の列ベクトルである．

ベクトル $\boldsymbol{p}$, $\boldsymbol{q}$ を横に並べてできる行列を $(\boldsymbol{p}\ \ \boldsymbol{q})$ で表す．例えば

$$(\boldsymbol{e}_1\ \ \boldsymbol{e}_2) = \begin{pmatrix} 1 & 0 \\ 0 & 1 \end{pmatrix} = E$$

$$(A\boldsymbol{e}_1\ \ A\boldsymbol{e}_2) = \begin{pmatrix} a & b \\ c & d \end{pmatrix} = \begin{pmatrix} a & b \\ c & d \end{pmatrix}\begin{pmatrix} 1 & 0 \\ 0 & 1 \end{pmatrix} = A(\boldsymbol{e}_1\ \ \boldsymbol{e}_2) \quad (3)$$

一般に，行列 A で表される線形変換 f による $\boldsymbol{p}$, $\boldsymbol{q}$ の像をそれぞれ $\boldsymbol{p}'$, $\boldsymbol{q}'$ とおくと

$$\boldsymbol{p}' = A\boldsymbol{p},\ \boldsymbol{q}' = A\boldsymbol{q}$$

このとき，(3) と同様に，次の等式が成り立つ．

$$(\boldsymbol{p}'\ \ \boldsymbol{q}') = (A\boldsymbol{p}\ \ A\boldsymbol{q}) = A(\boldsymbol{p}\ \ \boldsymbol{q}) \quad (4)$$

例題 2 ベクトル $\begin{pmatrix} 2 \\ 3 \end{pmatrix}$, $\begin{pmatrix} -1 \\ 2 \end{pmatrix}$ をそれぞれ $\begin{pmatrix} -1 \\ 7 \end{pmatrix}$, $\begin{pmatrix} -3 \\ 0 \end{pmatrix}$ に移す線形変換を表す行列 A を求めよ.

解 (4) より

$$A\begin{pmatrix} 2 & -1 \\ 3 & 2 \end{pmatrix} = \begin{pmatrix} -1 & -3 \\ 7 & 0 \end{pmatrix} \qquad ①$$

ここで

$$B = \begin{pmatrix} 2 & -1 \\ 3 & 2 \end{pmatrix}$$

とおくと, $|B| = 7 \neq 0$ より, B は正則である.

①の両辺に右から B^{-1} を掛けて

$$A = ABB^{-1} = \begin{pmatrix} -1 & -3 \\ 7 & 0 \end{pmatrix}\begin{pmatrix} 2 & -1 \\ 3 & 2 \end{pmatrix}^{-1} = \begin{pmatrix} 1 & -1 \\ 2 & 1 \end{pmatrix} \qquad //$$

問・4 ベクトル $\begin{pmatrix} -2 \\ 1 \end{pmatrix}$, $\begin{pmatrix} 1 \\ 0 \end{pmatrix}$ をそれぞれ $\begin{pmatrix} 1 \\ 3 \end{pmatrix}$, $\begin{pmatrix} 1 \\ 2 \end{pmatrix}$ に移す線形変換を表す行列 A を求めよ.

平面の場合と同様に, 空間内のベクトルを空間内のベクトルに移す変換および線形変換を考えることができる. このとき, 線形変換を表す行列は3次の正方行列になる.

$$\begin{pmatrix} x' \\ y' \\ z' \end{pmatrix} = \begin{pmatrix} a_{11} & a_{12} & a_{13} \\ a_{21} & a_{22} & a_{23} \\ a_{31} & a_{32} & a_{33} \end{pmatrix}\begin{pmatrix} x \\ y \\ z \end{pmatrix}$$

1 2 線形変換の基本性質

線形変換 f が行列 A で表されるとき，$f(\boldsymbol{p}) = A\boldsymbol{p}$ が成り立つ．
このとき，任意のベクトル $\boldsymbol{p}$，$\boldsymbol{q}$ と実数 k について

$$f(\boldsymbol{p}+\boldsymbol{q}) = A(\boldsymbol{p}+\boldsymbol{q}) = A\boldsymbol{p}+A\boldsymbol{q} = f(\boldsymbol{p})+f(\boldsymbol{q})$$

$$f(k\boldsymbol{p}) = A(k\boldsymbol{p}) = k(A\boldsymbol{p}) = kf(\boldsymbol{p})$$

したがって，次の等式が成り立つ．

$$f(\boldsymbol{p}+\boldsymbol{q}) = f(\boldsymbol{p})+f(\boldsymbol{q}),\ f(k\boldsymbol{p}) = kf(\boldsymbol{p}) \qquad (1)$$

逆に，(1) を満たす変換 f は線形変換である．このことを平面上の場合について証明しよう．

基本ベクトル $\boldsymbol{e}_1$，$\boldsymbol{e}_2$ の f による像 $f(\boldsymbol{e}_1)$，$f(\boldsymbol{e}_2)$ を並べてできる行列を

$$A = \begin{pmatrix} f(\boldsymbol{e}_1) & f(\boldsymbol{e}_2) \end{pmatrix} = \begin{pmatrix} a & b \\ c & d \end{pmatrix}$$

とおく．任意のベクトル $\boldsymbol{p} = \begin{pmatrix} x \\ y \end{pmatrix}$ は $\boldsymbol{e}_1$，$\boldsymbol{e}_2$ を用いて

$$\boldsymbol{p} = \begin{pmatrix} x \\ y \end{pmatrix} = x\begin{pmatrix} 1 \\ 0 \end{pmatrix} + y\begin{pmatrix} 0 \\ 1 \end{pmatrix} = x\boldsymbol{e}_1 + y\boldsymbol{e}_2$$

と表されるから，(1) より

$$\begin{aligned} f(\boldsymbol{p}) &= f(x\boldsymbol{e}_1 + y\boldsymbol{e}_2) = f(x\boldsymbol{e}_1) + f(y\boldsymbol{e}_2) = xf(\boldsymbol{e}_1) + yf(\boldsymbol{e}_2) \\ &= x\begin{pmatrix} a \\ c \end{pmatrix} + y\begin{pmatrix} b \\ d \end{pmatrix} = \begin{pmatrix} ax+by \\ cx+dy \end{pmatrix} = \begin{pmatrix} a & b \\ c & d \end{pmatrix}\begin{pmatrix} x \\ y \end{pmatrix} = A\boldsymbol{p} \end{aligned}$$

したがって，変換 f は行列 A で表される線形変換である．

これにより，(1) が成り立つことは，f が線形変換であることの必要十分条件である．すなわち，次のことが得られる．

●線形変換の基本性質

変換 f が線形変換であることと，次の(Ⅰ)，(Ⅱ)が成り立つことは同値である．

(Ⅰ)　$f(\boldsymbol{p}+\boldsymbol{q}) = f(\boldsymbol{p}) + f(\boldsymbol{q})$

(Ⅱ)　$f(k\boldsymbol{p}) = kf(\boldsymbol{p})$　　　(k は実数)

問・5 f が線形変換であるとき，次の等式が成り立つことを証明せよ．

$$f(k\boldsymbol{p}+l\boldsymbol{q}) = kf(\boldsymbol{p}) + lf(\boldsymbol{q}) \qquad (k,\ l \text{ は実数})$$

ベクトル $\boldsymbol{a} = \begin{pmatrix} 1 \\ 1 \end{pmatrix}$，$\boldsymbol{b} = \begin{pmatrix} 1 \\ -1 \end{pmatrix}$ をそれぞれ $\begin{pmatrix} -1 \\ 1 \end{pmatrix}$，$\begin{pmatrix} 1 \\ 0 \end{pmatrix}$ に移す線形変換 f について，ベクトル $\boldsymbol{c} = \begin{pmatrix} 3 \\ 1 \end{pmatrix}$ の f による像を求めよ．

解　22ページの例題10と同様に，$\boldsymbol{c}$ を $\boldsymbol{a}$，$\boldsymbol{b}$ の線形結合で表すと

$$\boldsymbol{c} = \begin{pmatrix} 3 \\ 1 \end{pmatrix} = 2\begin{pmatrix} 1 \\ 1 \end{pmatrix} + \begin{pmatrix} 1 \\ -1 \end{pmatrix} = 2\boldsymbol{a} + \boldsymbol{b}$$

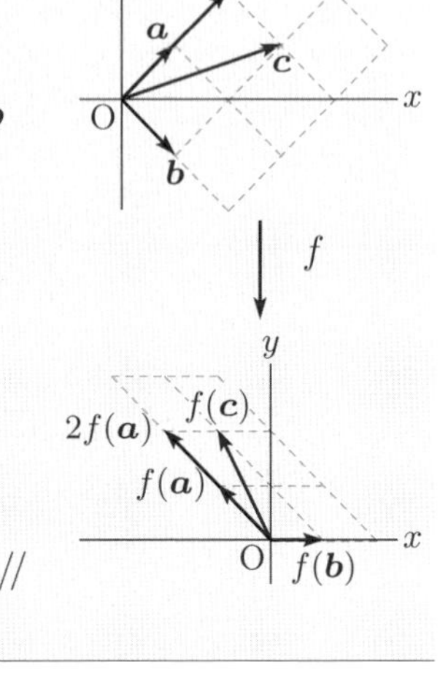

線形変換の基本性質より

$$f(\boldsymbol{c}) = f(2\boldsymbol{a}+\boldsymbol{b}) = 2f(\boldsymbol{a}) + f(\boldsymbol{b})$$

$$= 2\begin{pmatrix} -1 \\ 1 \end{pmatrix} + \begin{pmatrix} 1 \\ 0 \end{pmatrix} = \begin{pmatrix} -1 \\ 2 \end{pmatrix}$$

よって，$\boldsymbol{c}$ の f による像は $\begin{pmatrix} -1 \\ 2 \end{pmatrix}$　//

問・6 例題 3 のベクトル $\boldsymbol{a}$, $\boldsymbol{b}$ および線形変換 f について，ベクトル $\boldsymbol{a}+2\boldsymbol{b}$ の f による像を求めよ．

座標平面上の図形 G に対して，線形変換 f による G 上の各点の像全体がつくる図形 G' を f による G の**像**という．また，G は f により G' に移されるという．

例題 4 行列 $\begin{pmatrix} 1 & -2 \\ 3 & 1 \end{pmatrix}$ および $\begin{pmatrix} 1 & 1 \\ 1 & 1 \end{pmatrix}$ で表される線形変換をそれぞれ f, g とするとき，直線 $y=-x+1$ の f, g による像を求めよ．

解 直線 $y=-x+1$ 上の任意の点 $\mathrm{P}(x,\ -x+1)$ の f による像を $\mathrm{P}'(x',\ y')$ とおくと

$$\begin{pmatrix} x' \\ y' \end{pmatrix} = \begin{pmatrix} 1 & -2 \\ 3 & 1 \end{pmatrix}\begin{pmatrix} x \\ -x+1 \end{pmatrix} = \begin{pmatrix} 3x-2 \\ 2x+1 \end{pmatrix}$$

これから　$x'=3x-2,\ y'=2x+1$

x を消去すると　$2x'-3y'=-7$

よって，f による像は　直線 $2x-3y=-7$

また，$\mathrm{P}(x,\ -x+1)$ の g による像を $\mathrm{P}''(x'',\ y'')$ とおくと

$$\begin{pmatrix} x'' \\ y'' \end{pmatrix} = \begin{pmatrix} 1 & 1 \\ 1 & 1 \end{pmatrix}\begin{pmatrix} x \\ -x+1 \end{pmatrix} = \begin{pmatrix} 1 \\ 1 \end{pmatrix}$$

よって，g による像は　1 点 $(1,\ 1)$ //

●注……一般に，線形変換による直線の像は直線または 1 点である．

問・7 次の行列で表される線形変換によって，直線はそれぞれどのような図形に移されるか．

(1) $\begin{pmatrix} 2 & -1 \\ 1 & 3 \end{pmatrix}$，直線 $y=x+1$　　(2) $\begin{pmatrix} 6 & 3 \\ -2 & -1 \end{pmatrix}$，直線 $2x+y=1$

1 3 合成変換と逆変換

線形変換 f によりベクトル $\boldsymbol{p}$ が $\boldsymbol{p}'$ に移され，さらに線形変換 g により $\boldsymbol{p}'$ が $\boldsymbol{p}''$ に移されるとすると，次の等式が成り立つ．

$$\boldsymbol{p}'' = g(\boldsymbol{p}') = g\big(f(\boldsymbol{p})\big)$$

このとき，$\boldsymbol{p}$ を $\boldsymbol{p}''$ に対応させる変換を f と g の**合成変換**といい，$g\circ f$ で表す．すなわち

$$(g\circ f)(\boldsymbol{p}) = g\big(f(\boldsymbol{p})\big)$$

f を表す行列を A，g を表す行列を B とすると

$$\boldsymbol{p}' = f(\boldsymbol{p}) = A\boldsymbol{p}, \quad \boldsymbol{p}'' = g(\boldsymbol{p}') = B\boldsymbol{p}'$$

これから

$$\boldsymbol{p}'' = B(A\boldsymbol{p}) = (BA)\boldsymbol{p}$$

すなわち

$$(g\circ f)(\boldsymbol{p}) = (BA)\boldsymbol{p}$$

●線形変換の合成

f, g をそれぞれ行列 A, B で表される線形変換とするとき，合成変換 $g\circ f$ は行列 BA で表される線形変換である．

例 2 行列 $A = \begin{pmatrix} 1 & 1 \\ -2 & 3 \end{pmatrix}$, $B = \begin{pmatrix} 1 & 0 \\ 1 & 2 \end{pmatrix}$ の表す線形変換をそれぞれ f, g とすると，合成変換 $g\circ f$ は行列

$$BA = \begin{pmatrix} 1 & 0 \\ 1 & 2 \end{pmatrix}\begin{pmatrix} 1 & 1 \\ -2 & 3 \end{pmatrix} = \begin{pmatrix} 1 & 1 \\ -3 & 7 \end{pmatrix}$$

で表される．

問・8 例 2 の f，g について，合成変換 $f\circ g$ を表す行列を求めよ．

線形変換 f, g について，合成変換 $g \circ f$ が恒等変換になるとき，g を f の**逆変換**といい，f^{-1} で表す．このとき，f, g を表す行列をそれぞれ A, B とすると，$BA = E$ となるから，$B = A^{-1}$ である．したがって，A は正則行列である．逆に，正則行列 A の表す線形変換を f とするとき，f は逆変換 f^{-1} をもつ．

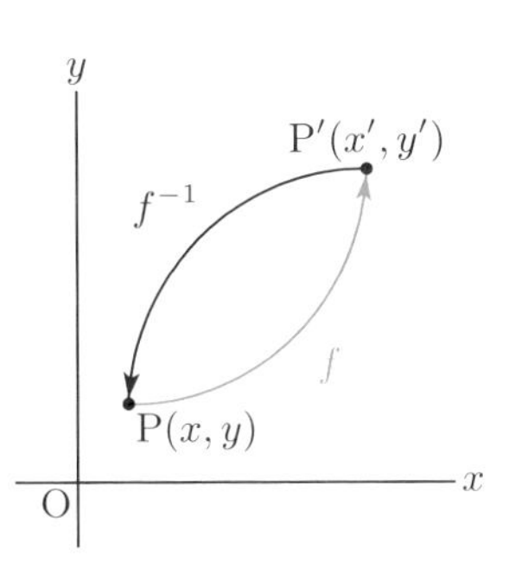

●線形変換の逆変換

行列 A の表す線形変換 f が逆変換をもつための必要十分条件は，A が正則となることである．

このとき，逆変換 f^{-1} は A の逆行列 A^{-1} で表される．

例題 5 線形変換 f を表す行列を $A = \begin{pmatrix} 3 & -1 \\ -2 & 1 \end{pmatrix}$ とする．このとき，点 $\mathrm{P}'(2,\ -1)$ に移されるもとの点 $\mathrm{P}(x,\ y)$ の座標を求めよ．

解 $A\begin{pmatrix} x \\ y \end{pmatrix} = \begin{pmatrix} 2 \\ -1 \end{pmatrix}$ より $\begin{pmatrix} x \\ y \end{pmatrix} = A^{-1}\begin{pmatrix} 2 \\ -1 \end{pmatrix}$ だから

$$\begin{pmatrix} x \\ y \end{pmatrix} = \begin{pmatrix} 3 & -1 \\ -2 & 1 \end{pmatrix}^{-1}\begin{pmatrix} 2 \\ -1 \end{pmatrix} = \begin{pmatrix} 1 & 1 \\ 2 & 3 \end{pmatrix}\begin{pmatrix} 2 \\ -1 \end{pmatrix} = \begin{pmatrix} 1 \\ 1 \end{pmatrix}$$

よって，点 P の座標は　$(1,\ 1)$　//

問・9 行列 $A = \begin{pmatrix} 1 & 0 \\ 2 & 3 \end{pmatrix}$ で表される線形変換 f について，逆変換 f^{-1} を表す行列を求めよ．また線形変換 f によって点 $\mathrm{P}'(-1,\ 4)$ に移されるもとの点 P の座標を求めよ．

問・10 行列 $A = \begin{pmatrix} 1 & 2 \\ 0 & 3 \end{pmatrix}$, $B = \begin{pmatrix} 2 & 1 \\ -4 & 0 \end{pmatrix}$ で表される線形変換をそれぞれ f, g とする．このとき，変換 f^{-1}, g^{-1}, $(f \circ g)^{-1}$ によって点 $(1,\ 0)$ はどのような点に移されるか．

問・11 行列 $A = \begin{pmatrix} 2 & 0 \\ 0 & 3 \end{pmatrix}$ で表される線形変換を f とする．このとき，f によって，直線 $3x + y = 6$ に移されるもとの図形を求めよ．

1 4 回転を表す線形変換

座標平面上で，点 $\mathrm{P}(x,\ y)$ を原点のまわりに θ だけ回転して得られる点を $\mathrm{P}'(x',\ y')$ とする．また，OP が x 軸の正の向きとなす角を α とし，$\mathrm{OP} = r$ とおく．

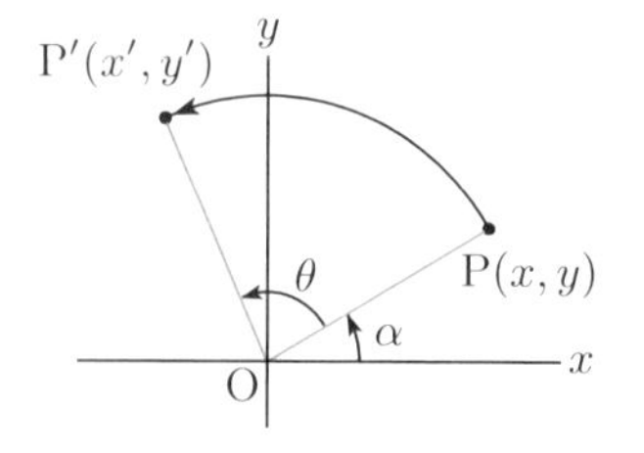

このとき

$$x = r\cos\alpha,\ y = r\sin\alpha \tag{1}$$

$$x' = r\cos(\alpha+\theta),\ y' = r\sin(\alpha+\theta) \tag{2}$$

が成り立つ．加法定理を用いると，(2) は

$$\begin{cases} x' = r\cos\alpha\cos\theta - r\sin\alpha\sin\theta \\ y' = r\sin\alpha\cos\theta + r\cos\alpha\sin\theta \end{cases}$$

これに (1) を代入して

$$\begin{cases} x' = x\cos\theta - y\sin\theta \\ y' = x\sin\theta + y\cos\theta \end{cases}$$

これから $$\begin{pmatrix} x' \\ y' \end{pmatrix} = \begin{pmatrix} \cos\theta & -\sin\theta \\ \sin\theta & \cos\theta \end{pmatrix} \begin{pmatrix} x \\ y \end{pmatrix}$$

したがって，平面上の回転を表す線形変換について次の公式が成り立つ．

●平面上の点の回転移動

点 $\mathrm{P}(x,\ y)$ を原点のまわりに θ だけ回転した点 $\mathrm{P}'(x',\ y')$ に移す変換は線形変換で，次のように表される．

$$\begin{pmatrix} x' \\ y' \end{pmatrix} = \begin{pmatrix} \cos\theta & -\sin\theta \\ \sin\theta & \cos\theta \end{pmatrix} \begin{pmatrix} x \\ y \end{pmatrix}$$

例 3 原点のまわりに $\dfrac{\pi}{6}$ だけ回転する線形変換を表す行列は

$$\begin{pmatrix} \cos\dfrac{\pi}{6} & -\sin\dfrac{\pi}{6} \\ \sin\dfrac{\pi}{6} & \cos\dfrac{\pi}{6} \end{pmatrix} = \begin{pmatrix} \dfrac{\sqrt{3}}{2} & -\dfrac{1}{2} \\ \dfrac{1}{2} & \dfrac{\sqrt{3}}{2} \end{pmatrix}$$

問・12 座標平面上の点を原点のまわりにそれぞれ $\dfrac{\pi}{3}$, $\dfrac{\pi}{2}$, π, $-\dfrac{\pi}{4}$ 回転する線形変換を表す行列を求めよ．

平面上の点を原点のまわりに θ だけ回転する変換を f とするとき，その逆変換 f^{-1} を表す行列は

$$\begin{pmatrix} \cos\theta & -\sin\theta \\ \sin\theta & \cos\theta \end{pmatrix}^{-1} = \begin{pmatrix} \cos\theta & \sin\theta \\ -\sin\theta & \cos\theta \end{pmatrix} = \begin{pmatrix} \cos(-\theta) & -\sin(-\theta) \\ \sin(-\theta) & \cos(-\theta) \end{pmatrix}$$

したがって，逆変換 f^{-1} は原点のまわりに $-\theta$ だけ回転する変換である．

問・13 原点 O と点 $\mathrm{A}(1,\ 3)$ に対して，△OAB が正三角形になるような点 B の座標を求めよ．

空間内の点 $\mathrm{P}(x,\ y,\ z)$ を z 軸のまわりに θ だけ回転した点 $\mathrm{P}'(x',\ y',\ z')$ に移す変換を f とする．平面上で点 $(x,\ y)$ を原点のまわりに θ だけ回転した点が $(x',\ y')$ だから，f は次のように表される．

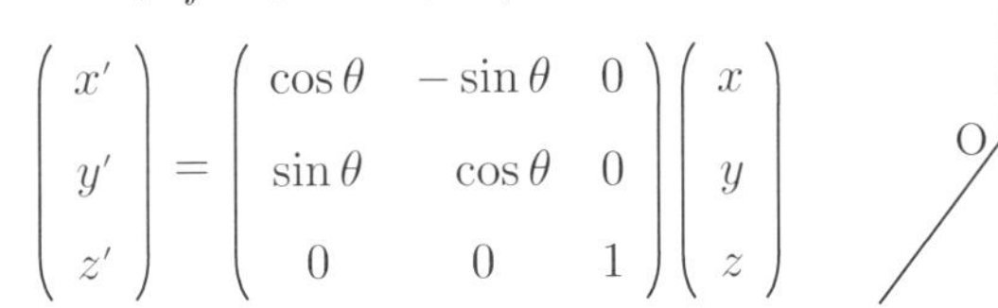

$$\begin{pmatrix} x' \\ y' \\ z' \end{pmatrix} = \begin{pmatrix} \cos\theta & -\sin\theta & 0 \\ \sin\theta & \cos\theta & 0 \\ 0 & 0 & 1 \end{pmatrix} \begin{pmatrix} x \\ y \\ z \end{pmatrix}$$

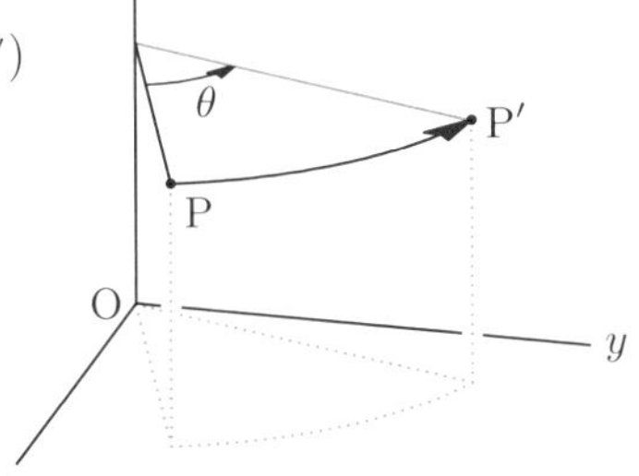

1 5 直交行列と直交変換

2次の正方行列 A の2つの列ベクトルを $\boldsymbol{a}$, $\boldsymbol{b}$ とおく．

$$A=\begin{pmatrix} a & b \\ c & d \end{pmatrix},\ \boldsymbol{a}=\begin{pmatrix} a \\ c \end{pmatrix},\ \boldsymbol{b}=\begin{pmatrix} b \\ d \end{pmatrix}$$

このとき，$\boldsymbol{a}$, $\boldsymbol{b}$ の転置行列は行ベクトル

$${}^t\boldsymbol{a}=(a\ \ c),\ {}^t\boldsymbol{b}=(b\ \ d)$$

であり，積について次の等式が成り立つ．

$${}^t\boldsymbol{a}\,\boldsymbol{a}=a^2+c^2,\ {}^t\boldsymbol{b}\,\boldsymbol{b}=b^2+d^2,\ {}^t\boldsymbol{a}\,\boldsymbol{b}={}^t\boldsymbol{b}\,\boldsymbol{a}=ab+cd \tag{1}$$

(1) の積はベクトルの内積と一致する．すなわち

$${}^t\boldsymbol{a}\,\boldsymbol{a}=\boldsymbol{a}\cdot\boldsymbol{a}=|\boldsymbol{a}|^2,\ {}^t\boldsymbol{b}\,\boldsymbol{b}=\boldsymbol{b}\cdot\boldsymbol{b}=|\boldsymbol{b}|^2,\ {}^t\boldsymbol{a}\,\boldsymbol{b}=\boldsymbol{a}\cdot\boldsymbol{b} \tag{2}$$

となる．また，${}^tA$ と A との積は

$${}^tAA=\begin{pmatrix} a & c \\ b & d \end{pmatrix}\begin{pmatrix} a & b \\ c & d \end{pmatrix}=\begin{pmatrix} a^2+c^2 & ab+cd \\ ab+cd & b^2+d^2 \end{pmatrix}$$

したがって，(1), (2) より

$${}^tAA=\begin{pmatrix} |\boldsymbol{a}|^2 & \boldsymbol{a}\cdot\boldsymbol{b} \\ \boldsymbol{a}\cdot\boldsymbol{b} & |\boldsymbol{b}|^2 \end{pmatrix} \tag{3}$$

と表される．

一般に，正方行列 A について

$${}^t\boldsymbol{A}\boldsymbol{A}=\boldsymbol{E} \tag{4}$$

すなわち，$A^{-1}={}^tA$ であるとき，A を**直交行列**という．

(3) より，2次の正方行列 A が直交行列であるための必要十分条件は

$$|\boldsymbol{a}|=|\boldsymbol{b}|=1,\ \boldsymbol{a}\cdot\boldsymbol{b}=0 \tag{5}$$

すなわち，各列ベクトルの大きさが1であり，かつ互いに直交することである．これは各行ベクトルについても成り立ち，また，3次の正方行列についても同様である．

例 4 平面上の点を原点のまわりに θ だけ回転する線形変換を表す行列を A とし，A の列ベクトルを $\boldsymbol{a}$, $\boldsymbol{b}$ とおく．すなわち

$$A = \begin{pmatrix} \cos\theta & -\sin\theta \\ \sin\theta & \cos\theta \end{pmatrix}, \quad \boldsymbol{a} = \begin{pmatrix} \cos\theta \\ \sin\theta \end{pmatrix}, \quad \boldsymbol{b} = \begin{pmatrix} -\sin\theta \\ \cos\theta \end{pmatrix}$$

このとき

$$|\boldsymbol{a}|^2 = |\boldsymbol{b}|^2 = \cos^2\theta + \sin^2\theta = 1$$

$$\boldsymbol{a}\cdot\boldsymbol{b} = \cos\theta(-\sin\theta) + \sin\theta\cos\theta = 0$$

したがって，A は直交行列である．

問・14 次の行列は直交行列であることを確かめよ．

(1) $\begin{pmatrix} \frac{4}{5} & -\frac{3}{5} \\ -\frac{3}{5} & -\frac{4}{5} \end{pmatrix}$ (2) $\begin{pmatrix} -\frac{1}{\sqrt{2}} & 0 & \frac{1}{\sqrt{2}} \\ -\frac{1}{\sqrt{6}} & \frac{2}{\sqrt{6}} & -\frac{1}{\sqrt{6}} \\ \frac{1}{\sqrt{3}} & \frac{1}{\sqrt{3}} & \frac{1}{\sqrt{3}} \end{pmatrix}$

直交行列で表される線形変換を**直交変換**という．例 4 より，平面上の点を原点のまわりに θ だけ回転する線形変換は直交変換である．

直交行列 A で表される直交変換を f とするとき，任意のベクトル $\boldsymbol{p}$, $\boldsymbol{q}$ について

$$f(\boldsymbol{p})\cdot f(\boldsymbol{q}) = {}^t f(\boldsymbol{p})\, f(\boldsymbol{q}) = {}^t(A\boldsymbol{p})\,(A\boldsymbol{q})$$

63 ページの公式(IV)と (4) より

$${}^t(A\boldsymbol{p})\,(A\boldsymbol{q}) = {}^t\boldsymbol{p}\,{}^tA\,A\boldsymbol{q} = {}^t\boldsymbol{p}\,\boldsymbol{q} = \boldsymbol{p}\cdot\boldsymbol{q}$$

したがって

$$f(\boldsymbol{p})\cdot f(\boldsymbol{q}) = \boldsymbol{p}\cdot\boldsymbol{q} \quad \text{特に} \quad |f(\boldsymbol{p})| = |\boldsymbol{p}| \tag{6}$$

が成り立つ．

直交変換はベクトルの内積や大きさを変えない線形変換である．

練習問題 1・A

1. 直線 $y=x$ に関する線対称の変換は線形変換となる．その変換を表す行列 A を求めよ．また，A^2 を求めよ．

2. k を正の定数とするとき，線形変換

$$f:\begin{pmatrix} x \\ y \end{pmatrix} \longmapsto \begin{pmatrix} kx \\ ky \end{pmatrix}$$

を表す行列を求めよ．(この線形変換を相似比 k の**相似変換**という)

3. 点 $(1,\ -1)$, $(1,\ 2)$ をそれぞれ点 $(2,\ 3)$, $(-1,\ 0)$ に移す線形変換を表す行列 A を求めよ．

4. 行列 $\begin{pmatrix} 2 & 4 \\ 1 & 3 \end{pmatrix}$ の表す線形変換 f による直線 $y=x$ の像を求めよ．

5. 行列 $\begin{pmatrix} 1 & 4 \\ -1 & -3 \end{pmatrix}$ の表す線形変換を f とする．次の問いに答えよ．

(1) f により，点 $(-3,\ 2)$ に移る点を求めよ．

(2) $f\circ f$ により，点 $(5,\ -3)$ に移る点を求めよ．

6. 座標平面上の点を原点のまわりに θ だけ回転する線形変換を考えることにより

$$\begin{pmatrix} \cos\theta & -\sin\theta \\ \sin\theta & \cos\theta \end{pmatrix}^n = \begin{pmatrix} \cos n\theta & -\sin n\theta \\ \sin n\theta & \cos n\theta \end{pmatrix}$$

となることを証明せよ．ただし，n は自然数とする．

7. A, B が直交行列ならば，${}^tA$, AB も直交行列であることを証明せよ．

練習問題 1・B

1. 平面上において，原点を通り x 軸の正の向きとなす角が θ である直線を ℓ とする．原点のまわりに 2θ だけ回転する線形変換を f，x 軸，直線 ℓ に関する線対称の変換をそれぞれ g, h とするとき，$h = f \circ g$ であることを用いて，h を表す行列を求めよ．

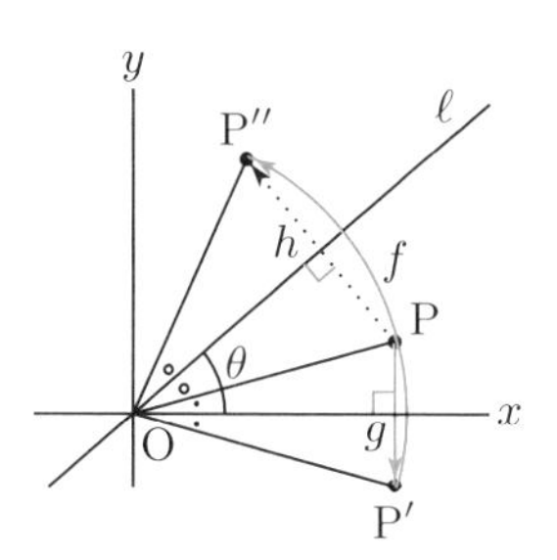

2. 行列 $\begin{pmatrix} \cos\dfrac{\pi}{4} & -\sin\dfrac{\pi}{4} & 0 \\ \sin\dfrac{\pi}{4} & \cos\dfrac{\pi}{4} & 0 \\ 0 & 0 & 1 \end{pmatrix}$ で表される空間内の線形変換によって，次の図形はどのような図形に移されるか．

(1) 直線 $\dfrac{x}{\sqrt{2}} = \dfrac{y}{2\sqrt{2}} = z$ (2) 平面 $x + y - z = 1$

3. 行列 A の表す平面上の線形変換 f によって，$\triangle\mathrm{OPQ}$ が $\triangle\mathrm{OP'Q'}$ に移されるとする．$|A| > 0$ のとき，三角形の面積について次の等式が成り立つことを証明せよ．ただし，$\triangle\mathrm{OPQ}$，$\triangle\mathrm{OP'Q'}$ はそれぞれの三角形の面積とする．

$$\triangle\mathrm{OP'Q'} = |A|\triangle\mathrm{OPQ}$$

4. 異なる 2 点 A, B を通る直線 ℓ のベクトル方程式は，A, B の位置ベクトルをそれぞれ $\boldsymbol{a}$，$\boldsymbol{b}$ とするとき，$\boldsymbol{p} = \boldsymbol{a} + t(\boldsymbol{b} - \boldsymbol{a})$ である．このことを用いて，線形変換 f による ℓ の像について，次の (1)，(2) を証明せよ．

(1) 点 A, B の像が一致すれば，直線 ℓ の像は 1 点である．

(2) 点 A, B の像が一致しなければ，直線 ℓ の像は 2 点 $f(\mathrm{A})$，$f(\mathrm{B})$ を通る直線である．

4章 行列の応用

2 固有値とその応用

2-1 固有値と固有ベクトル

本節以降，ベクトルの係数を表すために λ などのギリシャ文字も用いる．

以下の例に示すように，線形変換の特徴を

$$f(\boldsymbol{x}) \mathbin{/\!/} \boldsymbol{x} \quad \text{すなわち} \quad f(\boldsymbol{x}) = \lambda\boldsymbol{x} \quad (\lambda\text{は実数})$$

となるベクトル $\boldsymbol{x}$ をとって調べることがある．

線形変換 f が行列 $A = \begin{pmatrix} 2 & 1 \\ 0 & 3 \end{pmatrix}$ で表されるとき，f がどのような変換であるかを調べよう．

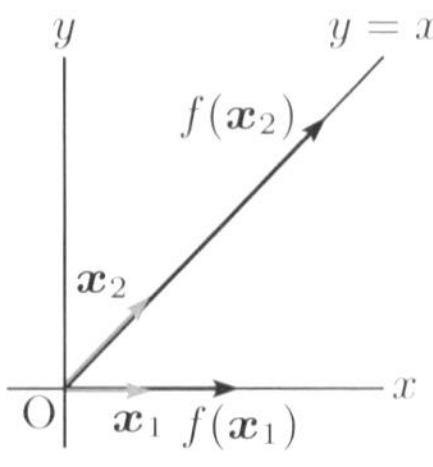

$$\boldsymbol{x}_1 = \begin{pmatrix} 1 \\ 0 \end{pmatrix},\quad \boldsymbol{x}_2 = \begin{pmatrix} 1 \\ 1 \end{pmatrix}$$

と定めると，ベクトル $\boldsymbol{x}_1$，$\boldsymbol{x}_2$ はそれぞれ直線 $y = 0$ (x 軸)，$y = x$ に平行で

$$\begin{pmatrix} 2 & 1 \\ 0 & 3 \end{pmatrix}\begin{pmatrix} 1 \\ 0 \end{pmatrix} = \begin{pmatrix} 2 \\ 0 \end{pmatrix},\quad \begin{pmatrix} 2 & 1 \\ 0 & 3 \end{pmatrix}\begin{pmatrix} 1 \\ 1 \end{pmatrix} = \begin{pmatrix} 3 \\ 3 \end{pmatrix}$$

となる．よって，$f(\boldsymbol{x}_1) = 2\boldsymbol{x}_1$，$f(\boldsymbol{x}_2) = 3\boldsymbol{x}_2$ が成り立つ．さらに f は線形変換だから，任意の実数 m について

$$f(m\boldsymbol{x}_1) = mf(\boldsymbol{x}_1) = 2(m\boldsymbol{x}_1),\quad f(m\boldsymbol{x}_2) = mf(\boldsymbol{x}_2) = 3(m\boldsymbol{x}_2)$$

すなわち，線形変換 f は x 軸に平行なベクトルを 2 倍，直線 $y = x$ に平行なベクトルを 3 倍する変換であるといえる．

次に平面上の任意の点 P の f による像 Q を求めよう．

点 P から直線 $y = x$，$y = 0$ に平行な直線を引き，それぞれ直線 $y = 0$，$y = x$ との交点を P_1，P_2 とすると

$$\overrightarrow{\mathrm{OP}} = \overrightarrow{\mathrm{OP}_1} + \overrightarrow{\mathrm{OP}_2}$$

f は線形変換だから

$$f(\overrightarrow{\mathrm{OP}}) = f(\overrightarrow{\mathrm{OP}_1} + \overrightarrow{\mathrm{OP}_2})$$
$$= f(\overrightarrow{\mathrm{OP}_1}) + f(\overrightarrow{\mathrm{OP}_2})$$
$$= 2\overrightarrow{\mathrm{OP}_1} + 3\overrightarrow{\mathrm{OP}_2}$$

よって，Q は図のように求められる．

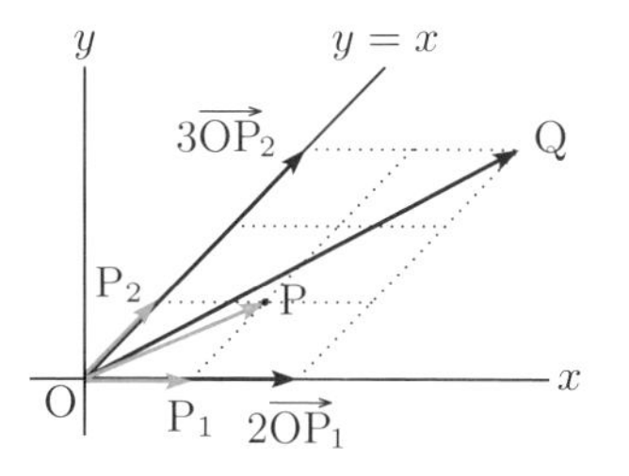

線形変換 f について，零ベクトルでないベクトル $\boldsymbol{x}$ が $f(\boldsymbol{x}) = \lambda\boldsymbol{x}$ を満たすとき，λ を f の**固有値**，$\boldsymbol{x}$ を固有値 λ に対する**固有ベクトル**という．固有値と固有ベクトルは行列 A を用いて定義することもできる．

●固有値・固有ベクトルの定義

正方行列 A について

$$A\boldsymbol{x} = \lambda\boldsymbol{x} \quad (\boldsymbol{x} \neq \boldsymbol{0})$$

を満たす $\boldsymbol{x}$ が存在するとき，λ を A の**固有値**，$\boldsymbol{x}$ を固有値 λ に対する**固有ベクトル**という．

問・1 $A = \begin{pmatrix} 1 & 2 \\ -1 & 4 \end{pmatrix}$ のとき，$\boldsymbol{x}_1 = \begin{pmatrix} 2 \\ 1 \end{pmatrix}$，$\boldsymbol{x}_2 = \begin{pmatrix} 1 \\ 1 \end{pmatrix}$ は A の固有ベクトルであることを確かめ，固有値を求めよ．

単位行列 E を用いて，$A\boldsymbol{x} = \lambda\boldsymbol{x}$ を変形すると

$$A\boldsymbol{x} - \lambda\boldsymbol{x} = \boldsymbol{0}$$

（$E\boldsymbol{x} = \boldsymbol{x}$ を用いる）

$$A\boldsymbol{x} - \lambda E\boldsymbol{x} = \boldsymbol{0}$$

（$\boldsymbol{x}$ をくくり出す）

$$(A - \lambda E)\boldsymbol{x} = \boldsymbol{0} \qquad (1)$$

(1) が $\boldsymbol{0}$ 以外の解をもつための必要十分条件は，111 ページの条件より

$$|A - \lambda E| = 0 \qquad (2)$$

(2) の左辺は λ の多項式であり，A の**固有多項式**という．また，(2) を A の**固有方程式**という．A の固有値は固有方程式を解くことにより得られる．

2 固有値と固有ベクトルの計算

固有方程式を用いて固有値と固有ベクトルを求める方法を示そう.

例題 1 行列 $A = \begin{pmatrix} 1 & 2 \\ -1 & 4 \end{pmatrix}$ の固有値, 固有ベクトルを求めよ.

解 $|A - \lambda E| = \begin{vmatrix} 1-\lambda & 2 \\ -1 & 4-\lambda \end{vmatrix} = (1-\lambda)(4-\lambda) + 2 = (\lambda - 2)(\lambda - 3)$

A の固有値は, $|A - \lambda E| = 0$ より $\lambda = 2,\ 3$

$\lambda = 2$ に対する固有ベクトル $\boldsymbol{x}_1$ を (1) により求める.

$$(A - 2E)\begin{pmatrix} x \\ y \end{pmatrix} = \begin{pmatrix} -1 & 2 \\ -1 & 2 \end{pmatrix}\begin{pmatrix} x \\ y \end{pmatrix} = \begin{pmatrix} 0 \\ 0 \end{pmatrix} \quad \therefore \quad -x + 2y = 0$$

$x = 2y$ より $y = c_1$ とおくと $\boldsymbol{x}_1 = \begin{pmatrix} 2c_1 \\ c_1 \end{pmatrix} = c_1\begin{pmatrix} 2 \\ 1 \end{pmatrix}$ $(c_1 \neq 0)$

$\lambda = 3$ に対する固有ベクトル $\boldsymbol{x}_2$ も同様に求める.

$$(A - 3E)\begin{pmatrix} x \\ y \end{pmatrix} = \begin{pmatrix} -2 & 2 \\ -1 & 1 \end{pmatrix}\begin{pmatrix} x \\ y \end{pmatrix} = \begin{pmatrix} 0 \\ 0 \end{pmatrix} \quad \therefore \quad -x + y = 0$$

$y = x$ より $x = c_2$ とおくと $\boldsymbol{x}_2 = \begin{pmatrix} c_2 \\ c_2 \end{pmatrix} = c_2\begin{pmatrix} 1 \\ 1 \end{pmatrix}$ $(c_2 \neq 0)$ //

●注……例えば $\begin{pmatrix} 0 & 1 \\ -1 & 0 \end{pmatrix}$ のように, 行列によっては固有値が虚数となることもあるが, 本書では扱わない.

問・2 次の行列の固有値, 固有ベクトルを求めよ.

(1) $A = \begin{pmatrix} 2 & -1 \\ -3 & 4 \end{pmatrix}$　　(2) $B = \begin{pmatrix} 2 & 1 \\ 0 & 3 \end{pmatrix}$

例題 2 行列 $A=\begin{pmatrix} 2 & -3 & 4 \\ 0 & 5 & -4 \\ 1 & 3 & -1 \end{pmatrix}$ の固有値，固有ベクトルを求めよ．

解

$$|A-\lambda E| = \begin{vmatrix} 2-\lambda & -3 & 4 \\ 0 & 5-\lambda & -4 \\ 1 & 3 & -1-\lambda \end{vmatrix}$$

$$= (2-\lambda)(5-\lambda)(-1-\lambda)+12+12(2-\lambda)-4(5-\lambda)$$

$$= -(\lambda^3-6\lambda^2+11\lambda-6) \quad ①$$

①において，$\lambda=1$ とすると　$-(1-6+11-6)=0$

因数定理より，①は $\lambda-1$ を因数にもつから

$$|A-\lambda E| = -(\lambda-1)(\lambda^2-5\lambda+6) = -(\lambda-1)(\lambda-2)(\lambda-3)$$

A の固有値は，$|A-\lambda E|=0$ より　$\lambda=1,\ 2,\ 3$

$\lambda=1$ に対する固有ベクトル $\boldsymbol{x}_1$ を求める．

$$(A-1E)\begin{pmatrix} x \\ y \\ z \end{pmatrix} = \begin{pmatrix} 1 & -3 & 4 \\ 0 & 4 & -4 \\ 1 & 3 & -2 \end{pmatrix}\begin{pmatrix} x \\ y \\ z \end{pmatrix} = \begin{pmatrix} 0 \\ 0 \\ 0 \end{pmatrix} \quad ②$$

これから　$x=-z,\ y=z$

$z=c_1$ とおくと　$\boldsymbol{x}_1 = \begin{pmatrix} x \\ y \\ z \end{pmatrix} = \begin{pmatrix} -c_1 \\ c_1 \\ c_1 \end{pmatrix} = c_1\begin{pmatrix} -1 \\ 1 \\ 1 \end{pmatrix} \quad (c_1 \neq 0)$

同様に，$\lambda=2,\ \lambda=3$ に対する固有ベクトルを求めると

$$\boldsymbol{x}_2 = c_2\begin{pmatrix} -3 \\ 4 \\ 3 \end{pmatrix},\quad \boldsymbol{x}_3 = c_3\begin{pmatrix} -2 \\ 2 \\ 1 \end{pmatrix} \quad (c_2 \neq 0,\ c_3 \neq 0)$$

//

● 注……第3章1・3の行列式の性質を用いて，$|A-\lambda E|$ を次のように計算することもできる．

$$\begin{vmatrix} 2-\lambda & -3 & 4 \\ 0 & 5-\lambda & -4 \\ 1 & 3 & -1-\lambda \end{vmatrix} \overset{1行+2行\times 1}{=\!=\!=} \begin{vmatrix} 2-\lambda & 2-\lambda & 0 \\ 0 & 5-\lambda & -4 \\ 1 & 3 & -1-\lambda \end{vmatrix}$$

$$\underset{をくくり出す}{\overset{1行から2-\lambda}{=\!=\!=}} (2-\lambda)\begin{vmatrix} 1 & 1 & 0 \\ 0 & 5-\lambda & -4 \\ 1 & 3 & -1-\lambda \end{vmatrix}$$

$$\overset{2列-1列\times 1}{=\!=\!=} (2-\lambda)\begin{vmatrix} 1 & 0 & 0 \\ 0 & 5-\lambda & -4 \\ 1 & 2 & -1-\lambda \end{vmatrix}$$

$$\overset{1行で展開}{=\!=\!=} (2-\lambda)\begin{vmatrix} 5-\lambda & -4 \\ 2 & -1-\lambda \end{vmatrix}$$

$$\overset{2次の行列式}{=\!=\!=} (2-\lambda)(\lambda-1)(\lambda-3)$$

● 注……②の方程式は，第2章2・1の消去法を用いて解くことができる．その際，方程式の右辺は $\mathbf{0}$ だから，係数行列 $A-1E$ だけを変形すればよい．

$$\begin{pmatrix} 1 & -3 & 4 \\ 0 & 4 & -4 \\ 1 & 3 & -2 \end{pmatrix} \xrightarrow[3行-1行\times 1]{2行\times\frac{1}{4}} \begin{pmatrix} 1 & -3 & 4 \\ 0 & 1 & -1 \\ 0 & 6 & -6 \end{pmatrix} \xrightarrow{3行-2行\times 6} \begin{pmatrix} 1 & -3 & 4 \\ 0 & 1 & -1 \\ 0 & 0 & 0 \end{pmatrix}$$

$A-1E$ は正則でないから，$\mathbf{0}$ でない解が存在することになる．

問・3 次の行列の固有値，固有ベクトルを求めよ．

(1) $A=\begin{pmatrix} -1 & 2 & -3 \\ 2 & 2 & -6 \\ 2 & 2 & -6 \end{pmatrix}$　　(2) $B=\begin{pmatrix} 1 & 3 & -1 \\ 0 & 1 & 3 \\ 0 & -1 & 5 \end{pmatrix}$

例題 3 行列 $A = \begin{pmatrix} 1 & 2 & -1 \\ 2 & -2 & 2 \\ -1 & 2 & 1 \end{pmatrix}$ の固有値，固有ベクトルを求めよ．

解 A の固有多項式 $|A - \lambda E|$ を計算すると

$$|A - \lambda E| = \begin{vmatrix} 1-\lambda & 2 & -1 \\ 2 & -2-\lambda & 2 \\ -1 & 2 & 1-\lambda \end{vmatrix} = -(\lambda+4)(\lambda-2)^2$$

A の固有値は，$|A - \lambda E| = 0$ より　$\lambda = -4,\ 2$（2 重解）

$\lambda = -4$ に対する固有ベクトルは，例題 2 と同様に

$$\boldsymbol{x}_1 = c_1 \begin{pmatrix} 1 \\ -2 \\ 1 \end{pmatrix} \quad (c_1 \neq 0)$$

次に $\lambda = 2$ に対する固有ベクトルを求める．

$$\begin{pmatrix} -1 & 2 & -1 \\ 2 & -4 & 2 \\ -1 & 2 & -1 \end{pmatrix} \longrightarrow \begin{pmatrix} 1 & -2 & 1 \\ 0 & 0 & 0 \\ 0 & 0 & 0 \end{pmatrix} \quad \therefore \quad x - 2y + z = 0$$

$y = c_2$，$z = c_3$ とおくと，$x = 2c_2 - c_3$ となるから，固有ベクトルは

$$\boldsymbol{x}_2 = \begin{pmatrix} 2c_2 - c_3 \\ c_2 \\ c_3 \end{pmatrix} = c_2 \begin{pmatrix} 2 \\ 1 \\ 0 \end{pmatrix} + c_3 \begin{pmatrix} -1 \\ 0 \\ 1 \end{pmatrix} \quad (c_2 \neq 0 \text{ または } c_3 \neq 0) \quad //$$

問・4 次の行列の固有値，固有ベクトルを求めよ．

(1) $A = \begin{pmatrix} 1 & -1 & 1 \\ -1 & 1 & 1 \\ 1 & 1 & 1 \end{pmatrix}$　　(2) $B = \begin{pmatrix} 0 & 1 & -1 \\ 4 & 1 & 0 \\ 1 & 3 & -2 \end{pmatrix}$

②3 行列の対角化

2次の正方行列 A が，異なる2つの固有値 λ_1，λ_2 をもつとする．

それぞれの固有ベクトルを1つずつとり，$\boldsymbol{x}_1$，$\boldsymbol{x}_2$ とおくと

$$A\boldsymbol{x}_1 = \lambda_1\boldsymbol{x}_1,\ A\boldsymbol{x}_2 = \lambda_2\boldsymbol{x}_2 \quad (\boldsymbol{x}_1 \neq \boldsymbol{0},\ \boldsymbol{x}_2 \neq \boldsymbol{0}) \tag{1}$$

このとき，$\boldsymbol{x}_1$，$\boldsymbol{x}_2$ は線形独立であることを証明しよう．22ページの(1)より，$\boldsymbol{x}_1$，$\boldsymbol{x}_2$ は平行でないことを示せばよい．証明には背理法を用いる．

もし，$\boldsymbol{x}_1 \parallel \boldsymbol{x}_2$ と仮定すると，ベクトルの平行条件より

$$\boldsymbol{x}_2 = m\boldsymbol{x}_1 \quad (m \text{ は実数，} m \neq 0) \tag{2}$$

と表される．(2)の両辺に左から A を掛けて

$$A\boldsymbol{x}_2 = A(m\boldsymbol{x}_1) = mA\boldsymbol{x}_1$$

(1)

$$\lambda_2\boldsymbol{x}_2 = m\lambda_1\boldsymbol{x}_1$$

(2)

$$\lambda_2 m\boldsymbol{x}_1 = m\lambda_1\boldsymbol{x}_1$$

移項してまとめる．

$$(\lambda_2 - \lambda_1)m\boldsymbol{x}_1 = \boldsymbol{0}$$

$\boldsymbol{x}_1 \neq \boldsymbol{0}$，$\boldsymbol{x}_2 \neq \boldsymbol{0}$ より $m \neq 0$ だから

$$\lambda_2 - \lambda_1 = 0 \quad \text{すなわち} \quad \lambda_2 = \lambda_1$$

これは，$\lambda_1 \neq \lambda_2$ に反する．したがって，$\boldsymbol{x}_1$，$\boldsymbol{x}_2$ は線形独立である．

3次以上の正方行列についても同様であり，次のことが成り立つ．

●固有ベクトルと線形独立

正方行列 A の異なる固有値に対する固有ベクトルは線形独立である．

$\boldsymbol{x}_1$，$\boldsymbol{x}_2$ を横に並べてできる行列を $P = (\boldsymbol{x}_1\ \ \boldsymbol{x}_2)$ とおくと，(1)より

$$(A\boldsymbol{x}_1\ \ A\boldsymbol{x}_2) = (\lambda_1\boldsymbol{x}_1\ \ \lambda_2\boldsymbol{x}_2)$$

行列の積の意味

$$A(\boldsymbol{x}_1\ \ \boldsymbol{x}_2) = (\boldsymbol{x}_1\ \ \boldsymbol{x}_2)\begin{pmatrix} \lambda_1 & 0 \\ 0 & \lambda_2 \end{pmatrix}$$

$P = (\boldsymbol{x}_1\ \ \boldsymbol{x}_2)$

$$AP = P\begin{pmatrix} \lambda_1 & 0 \\ 0 & \lambda_2 \end{pmatrix} \tag{3}$$

$\boldsymbol{x}_1$, $\boldsymbol{x}_2$ は線形独立だから，113 ページの注より，行列 P は正則である．P の逆行列 P^{-1} を (3) の両辺に左から掛けると，次の等式が得られる．

$$P^{-1}AP = \begin{pmatrix} \lambda_1 & 0 \\ 0 & \lambda_2 \end{pmatrix} \tag{4}$$

(4) は，行列 A について，正則な行列 P をとり，A の右から P，左から P^{-1} を掛けると，対角行列が得られることを示している．

このことを行列 A の**対角化**という．ある正則行列 P に対し，(4) が成り立つとき，行列 P を**対角化行列**といい，A は**対角化可能**であるという．

対角化行列 P は固有ベクトルを並べて作る．このとき対角行列の対角成分には，P の各列の固有ベクトルに対応する固有値が並ぶ．

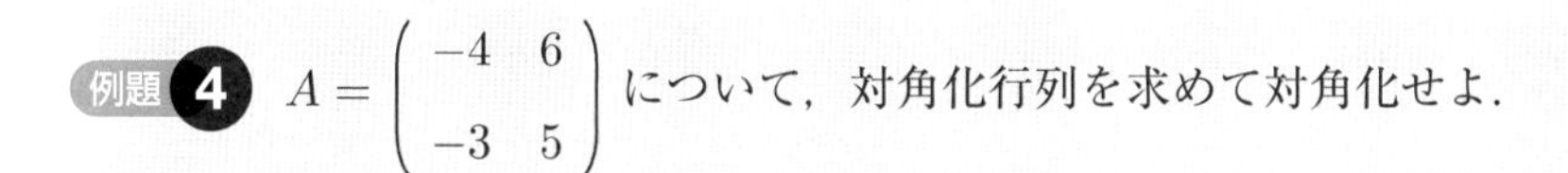

例題 4　$A = \begin{pmatrix} -4 & 6 \\ -3 & 5 \end{pmatrix}$ について，対角化行列を求めて対角化せよ．

解　$|A - \lambda E| = (\lambda - 2)(\lambda + 1) = 0$ より，固有値は　$\lambda = 2,\ -1$

それぞれに対する固有ベクトルは，例題 1 と同様に

$$\boldsymbol{x}_1 = c_1\begin{pmatrix} 1 \\ 1 \end{pmatrix},\ \boldsymbol{x}_2 = c_2\begin{pmatrix} 2 \\ 1 \end{pmatrix}\ (c_1 \neq 0,\ c_2 \neq 0)$$

例えば $c_1 = 1$, $c_2 = 1$ とおき，$\boldsymbol{x}_1$, $\boldsymbol{x}_2$ を並べて行列 P を作ると

$$P = (\boldsymbol{x}_1\ \ \boldsymbol{x}_2) = \begin{pmatrix} 1 & 2 \\ 1 & 1 \end{pmatrix}$$

この P を用いると

$$P^{-1}AP = \begin{pmatrix} 2 & 0 \\ 0 & -1 \end{pmatrix}$$

//

●**注**…　$P = (\boldsymbol{x}_2\ \ \boldsymbol{x}_1) = \begin{pmatrix} 2 & 1 \\ 1 & 1 \end{pmatrix}$ とすると $P^{-1}AP = \begin{pmatrix} -1 & 0 \\ 0 & 2 \end{pmatrix}$ となる．

問・5 例題4の A と P について，実際に $P^{-1}AP$ を計算し，右辺の対角行列が得られることを確かめよ．

問・6 次の行列について，対角化行列を求めて対角化せよ．

(1) $A=\begin{pmatrix} 4 & 1 \\ 3 & 2 \end{pmatrix}$　　(2) $B=\begin{pmatrix} 3 & 3 \\ 4 & 2 \end{pmatrix}$

3次の正方行列の場合も，3個の異なる固有値をもつときは，2次の場合と同様に対角化可能である．

例題 5 $A=\begin{pmatrix} 2 & -3 & 4 \\ 0 & 5 & -4 \\ 1 & 3 & -1 \end{pmatrix}$ について，対角化行列を求めて対角化せよ．

解 例題2より，固有値は　$\lambda=1,\ 2,\ 3$

それぞれに対する固有ベクトルは

$$\boldsymbol{x}_1=c_1\begin{pmatrix} -1 \\ 1 \\ 1 \end{pmatrix},\quad \boldsymbol{x}_2=c_2\begin{pmatrix} -3 \\ 4 \\ 3 \end{pmatrix},\quad \boldsymbol{x}_3=c_3\begin{pmatrix} -2 \\ 2 \\ 1 \end{pmatrix}$$

$(c_1 \neq 0,\ c_2 \neq 0,\ c_3 \neq 0)$

したがって，例えば $c_1=1,\ c_2=1,\ c_3=1$ とおいて P を定めると

$$P=\begin{pmatrix} -1 & -3 & -2 \\ 1 & 4 & 2 \\ 1 & 3 & 1 \end{pmatrix} \qquad P^{-1}AP=\begin{pmatrix} 1 & 0 & 0 \\ 0 & 2 & 0 \\ 0 & 0 & 3 \end{pmatrix}$$

//

問・7 問3の各行列について，対角化行列を求めて対角化せよ．

②4 対角化可能の条件

3 次の正方行列 A の固有方程式 $|A-\lambda E|=0$ は 3 次方程式になり，重解を含めて 3 個の解すなわち固有値をもつ．これらがすべて異なる場合は，例題 5 のように，各固有値に対する固有ベクトルを 1 つずつとって並べた行列 P を対角化行列にすることにより，行列 A は対角化可能である．

これに対して，固有方程式が重解をもつときは，行列 A は必ずしも対角化可能ではない．しかし，固有ベクトルを並べた行列 P の逆行列が存在すれば対角化可能になることから，113 ページの線形独立の条件より次のことが成り立つ．

●対角化可能の条件

3 次の正方行列 A が対角化可能であるための必要十分条件は，A が 3 個の線形独立な固有ベクトルをもつことである．

●注…. 4 次以上の正方行列についても同様である．

例 1 $A=\begin{pmatrix}2&1&1\\0&2&1\\0&0&2\end{pmatrix}$

$|A-\lambda E|=(2-\lambda)^3=0$ より，A の固有値は　2 (3 重解)

$\lambda=2$ に対する固有ベクトルは

$$A-2E=\begin{pmatrix}0&1&1\\0&0&1\\0&0&0\end{pmatrix} \text{ より }\quad \boldsymbol{x}=c\begin{pmatrix}1\\0\\0\end{pmatrix}\quad (c\neq 0)$$

これらの固有ベクトルはすべて平行となり，3 個の線形独立な固有ベクトルを選ぶことができない．

したがって，行列 A は対角化可能ではない．

例題 6　次の行列について，対角化可能な場合は対角化せよ．

(1)　$A = \begin{pmatrix} 1 & -3 & -3 \\ 0 & 1 & 0 \\ 0 & -3 & -2 \end{pmatrix}$　　(2)　$B = \begin{pmatrix} 2 & -1 & 1 \\ 0 & 1 & 1 \\ -1 & 1 & 1 \end{pmatrix}$

解　(1)　$|A - \lambda E| = -(\lambda - 1)^2(\lambda + 2)$ より，固有値，固有ベクトルは

$$\lambda = 1\ (2\text{重解}),\ \boldsymbol{x}_1 = c_1 \begin{pmatrix} 1 \\ 0 \\ 0 \end{pmatrix} + c_2 \begin{pmatrix} 0 \\ 1 \\ -1 \end{pmatrix} \quad (c_1 \neq 0 \text{ または } c_2 \neq 0)$$

$$\lambda = -2,\ \boldsymbol{x}_2 = c_3 \begin{pmatrix} 1 \\ 0 \\ 1 \end{pmatrix} \quad (c_3 \neq 0)$$

$P = \begin{pmatrix} 1 & 0 & 1 \\ 0 & 1 & 0 \\ 0 & -1 & 1 \end{pmatrix}$ とおくと，$|P| = 1 \neq 0$ より，P は正則である．

したがって，行列 A は対角化可能で　$P^{-1}AP = \begin{pmatrix} 1 & 0 & 0 \\ 0 & 1 & 0 \\ 0 & 0 & -2 \end{pmatrix}$

(2)　$|B - \lambda E| = -(\lambda - 1)^2(\lambda - 2)$ より，固有値，固有ベクトルは

$$\lambda = 1\ (2\text{重解}),\ \boldsymbol{x}_1 = c_1 \begin{pmatrix} 1 \\ 1 \\ 0 \end{pmatrix},\ \lambda = 2,\ \boldsymbol{x}_2 = c_2 \begin{pmatrix} 0 \\ 1 \\ 1 \end{pmatrix} \quad (c_1 \neq 0,\ c_2 \neq 0)$$

したがって，線形独立な固有ベクトルが2個しかとれず，行列 B は対角化可能ではない．　//

問・8　問4の行列 A, B について，対角化可能な場合は対角化せよ．

② 5 対称行列の直交行列による対角化

64 ページで定義した対称行列，すなわち ${}^tA = A$ を満たす正方行列 A の固有ベクトルについて，次の性質が成り立つ．

●対称行列の固有ベクトル

対称行列の異なる固有値に対する固有ベクトルは互いに直交する．

証明 対称行列 A の異なる 2 つの固有値を λ, μ, 対応する固有ベクトルをそれぞれ $\boldsymbol{x}$, $\boldsymbol{y}$ とすると，63 ページの(IV)と 134 ページの (2) より

$$\lambda \boldsymbol{x} \cdot \boldsymbol{y} = A\boldsymbol{x} \cdot \boldsymbol{y} = {}^t(A\boldsymbol{x})\boldsymbol{y} = ({}^t\boldsymbol{x}\,{}^tA)\boldsymbol{y} = {}^t\boldsymbol{x}({}^tA\boldsymbol{y}) = \boldsymbol{x} \cdot {}^tA\boldsymbol{y}$$

$$= \boldsymbol{x} \cdot A\boldsymbol{y} = \boldsymbol{x} \cdot \mu\boldsymbol{y} = \mu\boldsymbol{x} \cdot \boldsymbol{y}$$

これから $(\lambda - \mu)\boldsymbol{x} \cdot \boldsymbol{y} = 0$ $\lambda - \mu \neq 0$ より $\boldsymbol{x} \cdot \boldsymbol{y} = 0$

よって，異なる 2 つの固有値に対する固有ベクトルは直交する． //

このことを用いて，3 次の対称行列 A の固有方程式が重解をもたないとき，A は直交行列を対角化行列として対角化できることを示そう．

行列 A の異なる固有値を λ_1, λ_2, λ_3 とし，それらに対する大きさが 1 の固有ベクトルを $\boldsymbol{x}_1$, $\boldsymbol{x}_2$, $\boldsymbol{x}_3$ とすると，上の性質より

$$\boldsymbol{x}_1 \cdot \boldsymbol{x}_2 = \boldsymbol{x}_2 \cdot \boldsymbol{x}_3 = \boldsymbol{x}_3 \cdot \boldsymbol{x}_1 = 0$$

$$|\boldsymbol{x}_1| = |\boldsymbol{x}_2| = |\boldsymbol{x}_3| = 1$$

したがって，$\boldsymbol{x}_1$, $\boldsymbol{x}_2$, $\boldsymbol{x}_3$ を並べてできる行列を T とおくと，134 ページより，T は直交行列で，${}^tT = T^{-1}$ である．

行列 A を T によって対角化すると

$$T^{-1}AT = {}^tTAT = \begin{pmatrix} \lambda_1 & 0 & 0 \\ 0 & \lambda_2 & 0 \\ 0 & 0 & \lambda_3 \end{pmatrix} \qquad (1)$$

(1) を対称行列 A の直交行列 T による対角化という．

例題 7 対称行列 $A = \begin{pmatrix} 2 & 0 & 1 \\ 0 & 2 & -1 \\ 1 & -1 & 1 \end{pmatrix}$ を直交行列により対角化せよ.

解 $|A - \lambda E| = -\lambda(\lambda - 2)(\lambda - 3) = 0$ より，固有値は $\lambda = 0,\ 2,\ 3$
それぞれに対する固有ベクトルは

$$\boldsymbol{x}_1 = c_1 \begin{pmatrix} -1 \\ 1 \\ 2 \end{pmatrix},\quad \boldsymbol{x}_2 = c_2 \begin{pmatrix} 1 \\ 1 \\ 0 \end{pmatrix},\quad \boldsymbol{x}_3 = c_3 \begin{pmatrix} 1 \\ -1 \\ 1 \end{pmatrix}$$

$$(c_1 \neq 0,\ c_2 \neq 0,\ c_3 \neq 0)$$

で，$\boldsymbol{x}_1,\ \boldsymbol{x}_2,\ \boldsymbol{x}_3$ は互いに直交している.

大きさが1の固有ベクトルは，それぞれ

$$\boldsymbol{u}_1 = \pm\frac{1}{\sqrt{6}} \begin{pmatrix} -1 \\ 1 \\ 2 \end{pmatrix},\ \boldsymbol{u}_2 = \pm\frac{1}{\sqrt{2}} \begin{pmatrix} 1 \\ 1 \\ 0 \end{pmatrix},\ \boldsymbol{u}_3 = \pm\frac{1}{\sqrt{3}} \begin{pmatrix} 1 \\ -1 \\ 1 \end{pmatrix}$$

よって，例えば

$$T = \begin{pmatrix} -\frac{1}{\sqrt{6}} & \frac{1}{\sqrt{2}} & \frac{1}{\sqrt{3}} \\ \frac{1}{\sqrt{6}} & \frac{1}{\sqrt{2}} & -\frac{1}{\sqrt{3}} \\ \frac{2}{\sqrt{6}} & 0 & \frac{1}{\sqrt{3}} \end{pmatrix} \text{とおくと}\quad {}^tTAT = \begin{pmatrix} 0 & 0 & 0 \\ 0 & 2 & 0 \\ 0 & 0 & 3 \end{pmatrix}$$ //

問・9 対称行列 $A = \begin{pmatrix} -2 & 2 \\ 2 & 1 \end{pmatrix}$ を直交行列により対角化せよ.

対称行列については，固有方程式が重解をもつ場合も同様に，直交行列により対角化可能であり，次の定理が成り立つことが知られている.

●対称行列の直交行列による対角化

任意の対称行列は，直交行列によって対角化可能である．

例題 8 行列 $A=\begin{pmatrix}1&2&-1\\2&-2&2\\-1&2&1\end{pmatrix}$ を直交行列により対角化せよ．

解 例題3より，A の固有値は　$\lambda=-4,\ 2$（2重解）

それぞれに対する固有ベクトル $\boldsymbol{x}_1$, $\boldsymbol{x}_2$ は

$\lambda=-4$ のとき

$$\boldsymbol{p}_1=\begin{pmatrix}1\\-2\\1\end{pmatrix} \text{ とおくと}\quad \boldsymbol{x}_1=c_1\boldsymbol{p}_1\quad (c_1\neq 0)$$

$\lambda=2$ のとき

$$\boldsymbol{p}_2=\begin{pmatrix}2\\1\\0\end{pmatrix},\ \boldsymbol{p}_3=\begin{pmatrix}-1\\0\\1\end{pmatrix} \text{ とおくと}\quad \boldsymbol{x}_2=c_2\boldsymbol{p}_2+c_3\boldsymbol{p}_3$$

$$(c_2\neq 0 \text{ または } c_3\neq 0)$$

このとき，対称行列の固有ベクトルの性質より，$\boldsymbol{p}_1\perp\boldsymbol{p}_2$, $\boldsymbol{p}_1\perp\boldsymbol{p}_3$ であるが，$\boldsymbol{p}_2$ と $\boldsymbol{p}_3$ は直交していない．そこで，$c_3=1$ とおき，$\boldsymbol{p}_2$ と $\boldsymbol{x}_2$ が直交するように c_2 を定めることにすると

$$\boldsymbol{p}_2\cdot\boldsymbol{x}_2=c_2|\boldsymbol{p}_2|^2+\boldsymbol{p}_2\cdot\boldsymbol{p}_3=0 \text{ より}\quad c_2=-\frac{\boldsymbol{p}_2\cdot\boldsymbol{p}_3}{|\boldsymbol{p}_2|^2} \qquad ①$$

したがって

$$\boldsymbol{q}_3=\boldsymbol{p}_3-\frac{\boldsymbol{p}_2\cdot\boldsymbol{p}_3}{|\boldsymbol{p}_2|^2}\boldsymbol{p}_2=\begin{pmatrix}-1\\0\\1\end{pmatrix}+\frac{2}{5}\begin{pmatrix}2\\1\\0\end{pmatrix}=\frac{1}{5}\begin{pmatrix}-1\\2\\5\end{pmatrix}$$

とすると，$\boldsymbol{q}_3$ は $\lambda=2$ に対する固有ベクトルで，$\boldsymbol{p}_1$, $\boldsymbol{p}_2$, $\boldsymbol{q}_3$ は互いに直

交する．

$\boldsymbol{p}_1$, $\boldsymbol{p}_2$, $\boldsymbol{q}_3$ に平行な単位ベクトルをそれぞれ $\boldsymbol{u}_1$, $\boldsymbol{u}_2$, $\boldsymbol{u}_3$ とおくと

$$\boldsymbol{u}_1 = \pm\frac{1}{\sqrt{6}}\begin{pmatrix} 1 \\ -2 \\ 1 \end{pmatrix},\ \boldsymbol{u}_2 = \pm\frac{1}{\sqrt{5}}\begin{pmatrix} 2 \\ 1 \\ 0 \end{pmatrix},\ \boldsymbol{u}_3 = \pm\frac{1}{\sqrt{30}}\begin{pmatrix} -1 \\ 2 \\ 5 \end{pmatrix}$$

これらから1つずつとって並べ，直交行列 T を作ればよい．

例えば

$$T = \begin{pmatrix} \frac{1}{\sqrt{6}} & \frac{2}{\sqrt{5}} & -\frac{1}{\sqrt{30}} \\ -\frac{2}{\sqrt{6}} & \frac{1}{\sqrt{5}} & \frac{2}{\sqrt{30}} \\ \frac{1}{\sqrt{6}} & 0 & \frac{5}{\sqrt{30}} \end{pmatrix} \text{ とおくと } {}^tTAT = \begin{pmatrix} -4 & 0 & 0 \\ 0 & 2 & 0 \\ 0 & 0 & 2 \end{pmatrix} \quad //$$

●注…①および $\boldsymbol{q}_3$ のとり方の図形的意味は次の通りである．

$\boldsymbol{u}_2 = \dfrac{\boldsymbol{p}_2}{|\boldsymbol{p}_2|}$ とおくと，$\boldsymbol{u}_2$ は $\boldsymbol{p}_2$ 方向の単位ベクトルで

$$(\boldsymbol{u}_2 \cdot \boldsymbol{p}_3)\,\boldsymbol{u}_2 = \frac{\boldsymbol{p}_2 \cdot \boldsymbol{p}_3}{|\boldsymbol{p}_2|^2}\,\boldsymbol{p}_2$$

は $\boldsymbol{p}_3$ の $\boldsymbol{p}_2$ 上への正射影である．

したがって

$$\boldsymbol{q}_3 = \boldsymbol{p}_3 - (\boldsymbol{u}_2 \cdot \boldsymbol{p}_3)\,\boldsymbol{u}_2$$

は図のようになり，$\boldsymbol{p}_2$ と直交する．

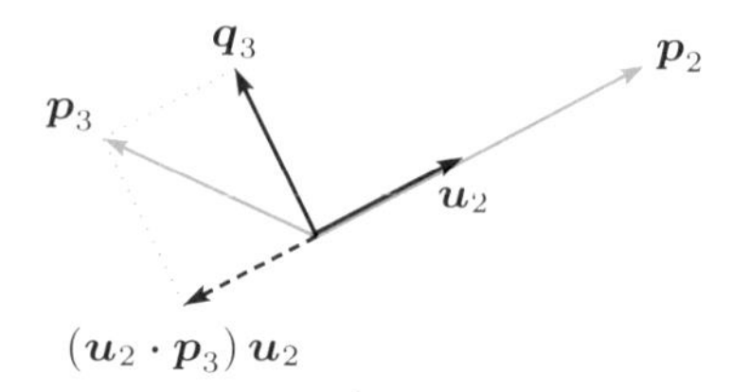

問・10 対称行列 $A = \begin{pmatrix} 0 & 1 & -1 \\ 1 & 0 & 1 \\ -1 & 1 & 0 \end{pmatrix}$ を直交行列により対角化せよ．

2 6 対角化の応用

変数 x, y について，次の形の 2 次式

$$F = ax^2 + bxy + cy^2 \tag{1}$$

を **2 次形式**という.

$$A = \begin{pmatrix} a & \frac{b}{2} \\ \frac{b}{2} & c \end{pmatrix},\ \boldsymbol{x} = \begin{pmatrix} x \\ y \end{pmatrix} \text{ とおくと } \quad A\boldsymbol{x} = \begin{pmatrix} ax + \frac{b}{2}y \\ \frac{b}{2}x + cy \end{pmatrix}$$

したがって，(1) は

$$F = (x \quad y)\begin{pmatrix} ax + \frac{b}{2}y \\ \frac{b}{2}x + cy \end{pmatrix} = {}^t\boldsymbol{x}A\boldsymbol{x} \tag{2}$$

の形に表すことができる.

行列 A は対称行列だから，直交行列によって対角化可能である.

すなわち，A の固有値を α, β とし，$D = \begin{pmatrix} \alpha & 0 \\ 0 & \beta \end{pmatrix}$ とおくと

$${}^tTAT = D \qquad (T \text{ は直交行列})$$

これから

$$A = TD\,{}^tT$$

となるから

$$F = {}^t\boldsymbol{x}A\boldsymbol{x} = {}^t\boldsymbol{x}TD\,{}^tT\boldsymbol{x} = {}^t({}^tT\boldsymbol{x})D\,{}^tT\boldsymbol{x}$$

そこで，新しいベクトル $\boldsymbol{x}' = \begin{pmatrix} x' \\ y' \end{pmatrix}$ を

$$\boldsymbol{x}' = {}^tT\boldsymbol{x} = T^{-1}\boldsymbol{x} \quad \text{すなわち} \quad \boldsymbol{x} = T\boldsymbol{x}' \tag{3}$$

で定めると

$$F = {}^t\boldsymbol{x}'D\boldsymbol{x}' = (x' \quad y')\begin{pmatrix} \alpha & 0 \\ 0 & \beta \end{pmatrix}\begin{pmatrix} x' \\ y' \end{pmatrix} = \alpha x'^2 + \beta y'^2 \tag{4}$$

となる．$\alpha x'^2 + \beta y'^2$ を 2 次形式 (1) の**標準形**という.

例題 9　次の2次形式の標準形を求めよ．

$$3x^2 - 2xy + 3y^2$$

解　対称行列 A を次のようにおく．

$$A = \begin{pmatrix} 3 & -1 \\ -1 & 3 \end{pmatrix}$$

A の固有値は $\lambda = 2,\ 4$ で，それらに対する固有ベクトルをそれぞれ $\boldsymbol{p}_1,\ \boldsymbol{p}_2$ とおくと

$$\boldsymbol{p}_1 = c_1 \begin{pmatrix} 1 \\ 1 \end{pmatrix},\ \boldsymbol{p}_2 = c_2 \begin{pmatrix} -1 \\ 1 \end{pmatrix} \quad (c_1 \neq 0,\ c_2 \neq 0)$$

これから，大きさが1の固有ベクトルはそれぞれ

$$\boldsymbol{u}_1 = \pm\frac{1}{\sqrt{2}} \begin{pmatrix} 1 \\ 1 \end{pmatrix},\ \boldsymbol{u}_2 = \pm\frac{1}{\sqrt{2}} \begin{pmatrix} -1 \\ 1 \end{pmatrix}$$

そこで，直交行列 T を

$$T = \begin{pmatrix} \frac{1}{\sqrt{2}} & -\frac{1}{\sqrt{2}} \\ \frac{1}{\sqrt{2}} & \frac{1}{\sqrt{2}} \end{pmatrix}$$

とおき，新しいベクトル $\boldsymbol{x}'$ を，(3) より

$$\boldsymbol{x}' = \begin{pmatrix} x' \\ y' \end{pmatrix} = {}^tT \begin{pmatrix} x \\ y \end{pmatrix} = \begin{pmatrix} \frac{1}{\sqrt{2}} & \frac{1}{\sqrt{2}} \\ -\frac{1}{\sqrt{2}} & \frac{1}{\sqrt{2}} \end{pmatrix} \begin{pmatrix} x \\ y \end{pmatrix} = \begin{pmatrix} \frac{x+y}{\sqrt{2}} \\ \frac{-x+y}{\sqrt{2}} \end{pmatrix}$$

にとると，標準形は，(4) より　$2x'^2 + 4y'^2$　//

●**注**…… T の列ベクトルを入れ替えて，$T = \begin{pmatrix} -\frac{1}{\sqrt{2}} & \frac{1}{\sqrt{2}} \\ \frac{1}{\sqrt{2}} & \frac{1}{\sqrt{2}} \end{pmatrix}$ とした場合は，標準形は $4x'^2 + 2y'^2$ となる．

問・11 例題 9 において，x, y を x', y' で表せ．また，次の等式が成り立つことを確かめよ．

$$3x^2 - 2xy + 3y^2 = 2x'^2 + 4y'^2$$

問・12 次の 2 次形式の標準形を求めよ．また，x, y を x', y' で表せ．

(1) $x^2 + 4xy + y^2$　　(2) $3x^2 - 4xy + 6y^2$

例題 9 を用いて，2 次曲線

$$C : 3x^2 - 2xy + 3y^2 = 4$$

がどのような図形であるかを求めよう．

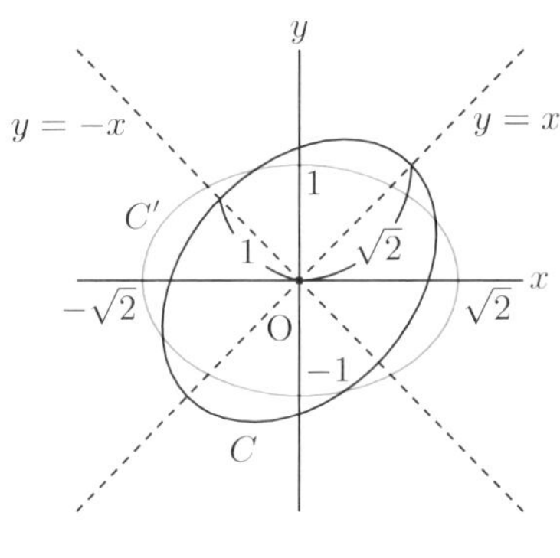

$$T = \begin{pmatrix} \dfrac{1}{\sqrt{2}} & -\dfrac{1}{\sqrt{2}} \\ \dfrac{1}{\sqrt{2}} & \dfrac{1}{\sqrt{2}} \end{pmatrix} = \begin{pmatrix} \cos\dfrac{\pi}{4} & -\sin\dfrac{\pi}{4} \\ \sin\dfrac{\pi}{4} & \cos\dfrac{\pi}{4} \end{pmatrix}$$

したがって，T は原点のまわりに $\dfrac{\pi}{4}$ だけ回転する変換 f を表す．

問 11 および 153 ページ (3) の $\boldsymbol{x} = T\boldsymbol{x}'$ より，楕円

$$C' : 2x'^2 + 4y'^2 = 4 \quad \text{すなわち} \quad \frac{x'^2}{2} + y'^2 = 1$$

上の点 $\mathrm{P}'(x', y')$ は，f によって C 上の点 $\mathrm{P}(x, y)$ に移されるから，楕円 C' を原点のまわりに $\dfrac{\pi}{4}$ だけ回転した図形が C となる．

●**注**…… 2 次の直交行列 T は，99 ページの問 9 より $|T| = \pm 1$ を満たす．また，$|T| = 1$ のときは，T は原点のまわりの回転を表す行列であることが知られている．さらに，T の (1, 1) 成分が正のとき，回転の角 θ を $-\dfrac{\pi}{2} < \theta < \dfrac{\pi}{2}$ にとることができ，(2, 2) 成分も正になる．

問・13 $2x^2 + 2xy + 2y^2$ の標準形を求め，2 次曲線 $2x^2 + 2xy + 2y^2 = 3$ の概形をかけ．

対角化可能な行列について，次の例題のように行列のべき乗を計算する方法がある．

例題 10 行列 $A = \begin{pmatrix} 6 & 6 \\ -2 & -1 \end{pmatrix}$ について A^n を求めよ．$(n = 1,\ 2, \cdots)$

解 A の固有値は 2，3 で，それらに対する固有ベクトルはそれぞれ

$$c_1 \begin{pmatrix} 3 \\ -2 \end{pmatrix},\ c_2 \begin{pmatrix} -2 \\ 1 \end{pmatrix} \quad (c_1 \neq 0,\ c_2 \neq 0)$$

$P = \begin{pmatrix} 3 & -2 \\ -2 & 1 \end{pmatrix},\ D = \begin{pmatrix} 2 & 0 \\ 0 & 3 \end{pmatrix}$ とおくと

$$P^{-1}AP = D \quad \text{よって} \quad A = PDP^{-1}$$

また，$D^n = \begin{pmatrix} 2^n & 0 \\ 0 & 3^n \end{pmatrix} \quad (n = 1,\ 2, \cdots)$ だから

$$\begin{aligned} A^n &= (PDP^{-1})^n = (PDP^{-1})(PDP^{-1}) \cdots\cdots (PDP^{-1}) \\ &= PD(P^{-1}P)D(P^{-1}P) \cdots\cdots (P^{-1}P)DP^{-1} \\ &= PDD \cdots\cdots DP^{-1} = PD^nP^{-1} \\ &= \begin{pmatrix} 3 & -2 \\ -2 & 1 \end{pmatrix} \begin{pmatrix} 2^n & 0 \\ 0 & 3^n \end{pmatrix} \begin{pmatrix} -1 & -2 \\ -2 & -3 \end{pmatrix} \\ &= \begin{pmatrix} 4 \cdot 3^n - 3 \cdot 2^n & 2 \cdot 3^{n+1} - 3 \cdot 2^{n+1} \\ 2^{n+1} - 2 \cdot 3^n & 2^{n+2} - 3^{n+1} \end{pmatrix} \end{aligned}$$

//

問・14 行列 $A = \begin{pmatrix} 1 & 3 \\ -1 & 5 \end{pmatrix}$ について A^n を求めよ．$(n = 1,\ 2,\ \cdots)$

コラム

空間における回転

z 軸のまわりに角 α だけ回転する変換を α 回転と呼ぶ．α 回転は，133 ページで示したように，次の直交行列 $Z(\alpha)$ で表される．

$$Z(\alpha)=\begin{pmatrix}\cos\alpha & -\sin\alpha & 0\\ \sin\alpha & \cos\alpha & 0\\ 0 & 0 & 1\end{pmatrix}$$

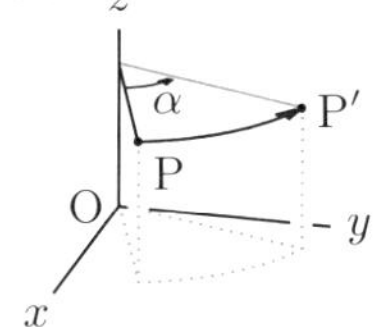

x 軸および y 軸のまわりの α 回転を表す行列 $X(\alpha)$ および $Y(\alpha)$ も同様にして求められる．ただし，角度は軸の正の部分から見て測ることにする．

$$X(\alpha)=\begin{pmatrix}1 & 0 & 0\\ 0 & \cos\alpha & -\sin\alpha\\ 0 & \sin\alpha & \cos\alpha\end{pmatrix},\quad Y(\alpha)=\begin{pmatrix}\cos\alpha & 0 & \sin\alpha\\ 0 & 1 & 0\\ -\sin\alpha & 0 & \cos\alpha\end{pmatrix}$$

原点を通る任意の直線を l とし，l 上に $\left|\overrightarrow{\mathrm{OP}}\right|=1$ となる点 $\mathrm{P}(x,\ y,\ z)$ をとり，図のように角 θ, φ を定めると

$$x=\sin\theta\cos\varphi,\ y=\sin\theta\sin\varphi,\ z=\cos\theta$$

このとき，$Y(-\theta)Z(-\varphi)$ の表す変換は直線 l を z 軸に移している．さらに，z 軸のまわりに α 回転してから，もとに戻すことにより，直線 l のまわりの α 回転が得られる．

よって，この回転を表す行列を R とおくと

$$\begin{aligned}R&=\left(Y(-\theta)Z(-\varphi)\right)^{-1}Z(\alpha)Y(-\theta)Z(-\varphi)\\&=Z(\varphi)Y(\theta)Z(\alpha)Y(-\theta)Z(-\varphi)\\&=(1-\cos\alpha)\begin{pmatrix}x^2 & xy & zx\\ xy & y^2 & yz\\ zx & yz & z^2\end{pmatrix}+\begin{pmatrix}\cos\alpha & -z\sin\alpha & y\sin\alpha\\ z\sin\alpha & \cos\alpha & -x\sin\alpha\\ -y\sin\alpha & x\sin\alpha & \cos\alpha\end{pmatrix}\end{aligned}$$

これは，ロドリゲスの回転公式と呼ばれる公式の表現行列である．

練習問題 2・A

1. 次の行列の固有値，固有ベクトルを求めよ．

(1) $\begin{pmatrix} -3 & 1 \\ 5 & 1 \end{pmatrix}$ (2) $\begin{pmatrix} 3 & 4 \\ 2 & 1 \end{pmatrix}$ (3) $\begin{pmatrix} -3 & -1 \\ 1 & -1 \end{pmatrix}$

2. 行列 $\begin{pmatrix} -3 & 5 & 5 \\ 1 & -7 & -5 \\ -1 & 9 & 7 \end{pmatrix}$ の固有値，固有ベクトルを求めよ．

3. 次の行列は対角化可能か．対角化可能な場合は対角化行列を求め対角化せよ．

(1) $\begin{pmatrix} 3 & 4 \\ 2 & 1 \end{pmatrix}$ (2) $\begin{pmatrix} -3 & -1 \\ 1 & -1 \end{pmatrix}$

(3) $\begin{pmatrix} 3 & 1 & 0 \\ 0 & 3 & 0 \\ 0 & 0 & 3 \end{pmatrix}$ (4) $\begin{pmatrix} 2 & 2 & 1 \\ 1 & 3 & 1 \\ 1 & 2 & 2 \end{pmatrix}$

4. 次の対称行列を直交行列により対角化せよ．

(1) $A = \begin{pmatrix} 8 & 2 \\ 2 & 5 \end{pmatrix}$ (2) $B = \begin{pmatrix} 3 & 1 & 1 \\ 1 & 2 & 0 \\ 1 & 0 & 2 \end{pmatrix}$

5. 次の 2 次形式の標準形を求めよ．

(1) $8x^2 + 4xy + 5y^2$ (2) $x^2 + 2xy - y^2$

6. 行列 $A = \begin{pmatrix} 2 & 3 \\ 2 & 1 \end{pmatrix}$ について，A^n を求めよ．$(n = 1,\ 2,\ \cdots)$

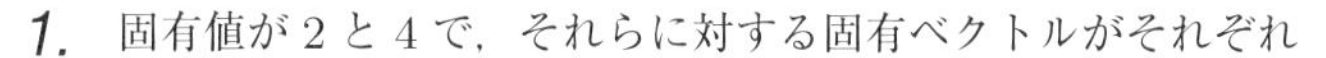

練習問題 2・B

1. 固有値が 2 と 4 で，それらに対する固有ベクトルがそれぞれ

$$c_1\begin{pmatrix}1\\1\end{pmatrix},\ c_2\begin{pmatrix}2\\1\end{pmatrix}\quad (c_1 \neq 0,\ c_2 \neq 0)$$

である行列 A を求めよ．

2. 3 次の正方行列 A の固有値を λ_1, λ_2, λ_3 とすると

$$|A-\lambda E| = (-1)^3(\lambda-\lambda_1)(\lambda-\lambda_2)(\lambda-\lambda_3)$$

が成り立つ．このことを用いて，次の (1)，(2) を証明せよ．

(1) $\lambda_1\lambda_2\lambda_3 = |A|$

(2) A が正則のとき，A の固有値はすべて 0 でない．

3. λ が正方行列 A の固有値のとき，次の (1)，(2) を証明せよ．

(1) λ^2 は A^2 の固有値である．

(2) A が正則ならば，$\dfrac{1}{\lambda}$ は A^{-1} の固有値である．

4. 変数 x, y, z についての 2 次式

$$Q = x^2 + 2y^2 + z^2 + 2xy + 2yz + 4zx$$

は，直交行列 T を選んで

$$\begin{pmatrix}x\\y\\z\end{pmatrix} = T\begin{pmatrix}x'\\y'\\z'\end{pmatrix}$$

とおくと，変数 x', y', z' についての 2 次式

$$Q = \alpha x'^2 + \beta y'^2 + \gamma z'^2 \qquad (\text{ただし } \alpha < \beta < \gamma)$$

になる．このような直交行列 T および定数 α, β, γ を求めよ．

5. 3 次の直交行列 T が $|T| = 1$ を満たすとき，T は 1 を固有値にもつことを証明せよ．

解答

1章 ベクトル

1 (p.2〜24)

問1 $|\overrightarrow{AB}|=|\overrightarrow{AD}|=|\overrightarrow{DC}|=\sqrt{2}$

$|\overrightarrow{AC}|=2,\ |\overrightarrow{OA}|=|\overrightarrow{OB}|=1$

等しいベクトルは　$\overrightarrow{AB}$ と $\overrightarrow{DC}$

単位ベクトルは　$\overrightarrow{OA},\ \overrightarrow{OB}$

問2 $\overrightarrow{OA}$ と $\overrightarrow{OC}$，$\overrightarrow{OB}$ と $\overrightarrow{OD}$

問3 (1) $\vec{a}+\vec{b}+\vec{c}$　(2) $\vec{b}+\vec{d}-\vec{a}-\vec{c}$

問4 (1) $\vec{a}+8\vec{b}$　(2) $\vec{a}+3\vec{b}-4\vec{c}$

問5 $\vec{x}=\vec{a}-2\vec{b}$

問6 $\dfrac{1}{2}\vec{a}$

問7 $\vec{c}+2\vec{d}$ 成分 $(0,\ 1)$　大きさ 1

$2\vec{c}-3\vec{d}$ 成分 $(7,\ -5)$　大きさ $\sqrt{74}$

問8 (1) $|\overrightarrow{AB}|=\sqrt{10}$

(2) $|\overrightarrow{BC}|=\sqrt{29}$　(3) $|\overrightarrow{CA}|=\sqrt{17}$

問9 $\dfrac{1}{\sqrt{5}}(2,\ -1)=\left(\dfrac{2}{\sqrt{5}},\ -\dfrac{1}{\sqrt{5}}\right)$

問10 (1) $\vec{a}\cdot\vec{b}=5\sqrt{2}$

(2) $\vec{a}\cdot\vec{b}=-3\sqrt{3}$

問11 (1) $\vec{i}\cdot\vec{i}=1$　(2) $\vec{j}\cdot\vec{j}=1$

(3) $\vec{i}\cdot\vec{j}=0$　(4) $\vec{j}\cdot\vec{i}=0$

問12 (1) $\overrightarrow{AB}\cdot\overrightarrow{AC}=3$

(2) $\overrightarrow{BA}\cdot\overrightarrow{BC}=0$

(3) $\overrightarrow{BC}\cdot\overrightarrow{AC}=1$

(4) $\overrightarrow{BC}\cdot\overrightarrow{CA}=-1$

問13 (1) $\vec{a}\cdot\vec{b}=3$　(2) $\vec{a}\cdot\vec{b}=0$

問14 (1) $\theta=\dfrac{\pi}{4}$　(2) $\theta=\dfrac{2}{3}\pi$

問15 (1) -21　(2) 22

問16 $\mathrm{AC}=\sqrt{37}$

問17 $k=-2$

問18 $k=1$

問19 $\vec{a}-2\vec{b}$ と $2\vec{a}+\vec{b}$ の内積を計算せよ．

問20 $k=\dfrac{3}{5}$

問21 $k=2,\ 3$

問22 $\overrightarrow{OP}=\dfrac{3\overrightarrow{OA}+2\overrightarrow{OB}}{5}$，　$\mathrm{P}\left(0,\ \dfrac{11}{5}\right)$

$\overrightarrow{OQ}=\dfrac{\overrightarrow{OA}+3\overrightarrow{OB}}{4}$，　$\mathrm{Q}\left(-\dfrac{7}{4},\ \dfrac{13}{4}\right)$

問23 BC の中点を L とするとき，G は線分 AL を 2 : 1 の比に内分する点であることを用いよ．

問24 (1) $\vec{c}=\vec{b}-\dfrac{1}{2}\vec{a}$

(2) $\overrightarrow{CB}=\overrightarrow{OB}-\overrightarrow{OC}$ を計算せよ．

問25 $\overrightarrow{AC}=(4,\ -4)$，$\overrightarrow{AB}=(3,\ -3)$

これより $\overrightarrow{AC}=k\overrightarrow{AB}$ を示せ．

問26 $|\overrightarrow{AB}|=|\overrightarrow{AD}|$ に注意して

$\overrightarrow{AC}=\overrightarrow{AB}+\overrightarrow{AD}$ と $\overrightarrow{BD}=\overrightarrow{AD}-\overrightarrow{AB}$

の内積を計算せよ．

問27 t は実数

(1) $x=2+3t,\ y=1+4t$

(2) $x=3\quad(y=-2+5t)$

(3) $x=4+3t,\ y=3-t$

問28 (1) $(4,\ 3)$ (2) $(5,\ -2)$

問29 (1) $\dfrac{7}{\sqrt{34}}$ (2) $\dfrac{3}{\sqrt{5}}$

問30 (1) $4x-3y+1=0$

(2) 4 (3) 10

問31 (1) $\vec{c}=2\vec{a}+\vec{b}$ (2) $\vec{d}=\vec{a}-2\vec{b}$

問32 (1) $x=3,\ y=2$

(2) $x=\dfrac{1}{8},\ y=-\dfrac{1}{4}$

問33 $\mathrm{AP}:\mathrm{PM}=3:2$

練習問題 1・A (p.25)

1. (1) $\vec{x}=\dfrac{2}{3}\vec{b}-\vec{a}$ (2) $\vec{x}=\dfrac{1}{2}\vec{a}+\dfrac{3}{4}\vec{b}$

2. $|\vec{a}+2\vec{b}|^2$ を計算せよ. $|\vec{a}+2\vec{b}|=7$

3. $\overrightarrow{\mathrm{AB}}=\vec{a},\ \overrightarrow{\mathrm{AD}}=\vec{b}$ とおき

$\overrightarrow{\mathrm{AC}}=\vec{a}+\vec{b},\ \overrightarrow{\mathrm{BD}}=\vec{b}-\vec{a}$ を用いよ.

4. (1) $x=-\dfrac{8}{3}$ (2) $x=\pm\sqrt{21}$

5. $\overrightarrow{\mathrm{OL}}=\dfrac{\overrightarrow{\mathrm{OB}}+\overrightarrow{\mathrm{OC}}}{2}$ 等を用いよ.

●注…… *5* の結果を用いると, △ABC の重心と △LMN の重心は一致することがわかる.

6. $\dfrac{x-1}{-3}=\dfrac{y+2}{2}\quad(2x+3y+4=0)$

7. (1) 法線ベクトル $(1,\ -2)$

(2) $x=2+t,\ y=-1-2t$ (t は実数)

(3) 交点 $(1,\ 1)$

8. (1) $\vec{c}=10\vec{a}-2\vec{b}$

(2) $\vec{a}=\dfrac{1}{5}\vec{b}+\dfrac{1}{10}\vec{c}$

練習問題 1・B (p.26)

1. (1) $\cos\alpha=\dfrac{\vec{a}\cdot\overrightarrow{\mathrm{OD}}}{|\vec{a}||\overrightarrow{\mathrm{OD}}|}$

(2) D が辺 AB を $|\vec{a}|:|\vec{b}|$ の比に内分する点であることを用いる.

$$\overrightarrow{\mathrm{OD}}=\frac{|\vec{b}|\vec{a}+|\vec{a}|\vec{b}}{|\vec{a}|+|\vec{b}|}$$

(3) (2) を (1) に代入して計算すると

$$\cos\alpha=\frac{|\vec{a}||\vec{b}|+\vec{a}\cdot\vec{b}}{|\overrightarrow{\mathrm{OD}}|(|\vec{a}|+|\vec{b}|)}$$

$\cos\beta$ についても同様の計算を行う.

2. 内分点と重心の公式を用いよ.

3. (1) $\sqrt{1-\cos^2\theta}=\sin\theta$ を用いよ.

(2) $S=\dfrac{1}{2}\mathrm{OA}\times\mathrm{OB}\times\sin\theta$ を用いよ.

(3) (2) を用いよ.

4. 8 (前問 *3* を用いよ.)

5. (1) $|\overrightarrow{\mathrm{OP}}-\overrightarrow{\mathrm{OC}}|=r$

(2) (1) の両辺を 2 乗せよ.

6. (1) $\overrightarrow{\mathrm{AP}}\perp\overrightarrow{\mathrm{BP}}$ より

$(\overrightarrow{\mathrm{OP}}-\overrightarrow{\mathrm{OA}})\cdot(\overrightarrow{\mathrm{OP}}-\overrightarrow{\mathrm{OB}})=0$

(2) (1) を用いよ.

2 (p.27〜46)

問1 $(x+a,\ y+b,\ z+c)$

問2 $\mathrm{Q}(a,\ b,\ 0),\ \mathrm{R}(0,\ b,\ c),\ \mathrm{S}(a,\ 0,\ c)$

問3 $\sqrt{70}$

問4 $y = 3,\ -1$

問5 (1) $(4,\ 3,\ -3)$ 大きさ $\sqrt{34}$

(2) $(-3,\ 4,\ 1)$ 大きさ $\sqrt{26}$

問6 $\overrightarrow{\mathrm{AB}} = (3,\ -6,\ 2)$

$\overrightarrow{\mathrm{CD}} = (-3,\ 6,\ -2)$ 平行四辺形

問7 (1) $(4,\ -1,\ 2)$

(2) $\left(\dfrac{16}{5},\ -\dfrac{1}{5},\ \dfrac{14}{5}\right)$

問8 (1) $\dfrac{\vec{a}+\vec{b}+\vec{c}}{3}$

(2) $\dfrac{\vec{a}+\vec{b}+\vec{c}+\vec{d}}{4}$

問9 (1) $\vec{a}\cdot\vec{b} = 1$ (2) $\vec{a}\cdot\vec{b} = -7$

問10 (1) $\dfrac{\pi}{6}$ (2) $\dfrac{3}{4}\pi$

問11 (1) -2 (2) $\pm\dfrac{1}{3}(1,\ -2,\ -2)$

問12

(1) $\overrightarrow{\mathrm{OA}}\cdot\overrightarrow{\mathrm{OB}} = \overrightarrow{\mathrm{OA}}\cdot\overrightarrow{\mathrm{OC}} = \dfrac{1}{2}r^2$

(2) $\overrightarrow{\mathrm{OA}}\cdot\overrightarrow{\mathrm{BC}} = 0$ を示せ.

問13 t は実数

(1) $x = 3+2t,\ y = 1+t,\ z = 4-3t$

$\left(\dfrac{x-3}{2} = \dfrac{y-1}{1} = \dfrac{z-4}{-3}\right)$

(2) $x = 1+4t,\ y = -3+5t,\ z = 2+2t$

$\left(\dfrac{x-1}{4} = \dfrac{y+3}{5} = \dfrac{z-2}{2}\right)$

問14 30°

問15 $k = 6$

問16 (1) $x+2y-2z-9 = 0$

(2) $2x-3y+2z-12 = 0$

(3) $x+3y+2z-5 = 0$

問17 30°

問18 $k = 5$

問19 (1) $\dfrac{3}{\sqrt{14}}$ (2) $\dfrac{6}{\sqrt{14}}$ (3) $\dfrac{10}{\sqrt{14}}$

問20 (1) $x^2+y^2+(z-2)^2 = 3$

(2) $(x-2)^2+(y+1)^2+(z+3)^2 = 4$

問21 (1) $x^2+y^2+z^2 = 6$

(2) $(x-2)^2+(y+3)^2+(z-1)^2 = 17$

(3) $(x-1)^2+(y+1)^2+(z-1)^2 = 9$

問22 (1) 中心 $(1,\ -3,\ -2)$ 半径 4

(2) 中心 $(-1,\ 3,\ 0)$ 半径 $2\sqrt{3}$

(3) 中心 $(1,\ 2,\ 3)$ 半径 $\sqrt{14}$

問23 $\overrightarrow{\mathrm{OQ}} = \dfrac{\overrightarrow{\mathrm{OA}}+\overrightarrow{\mathrm{OC}}}{3}$

練習問題 2·A (p.47)

1. $\overrightarrow{\mathrm{BD}} = \vec{b}+\vec{c}-\vec{a}$

2. $\mathrm{D}(7,\ 1,\ -3)$

3. $a = 5,\ b = -3$

4. $\vec{x} = (0,\ -7,\ -7)$

$\vec{y} = (1,\ 19,\ 18)$

5. $x = 5+3t,\ y = 2-t,\ z = -3-2t$

(t は実数)

$\left(\dfrac{x-5}{3} = \dfrac{y-2}{-1} = \dfrac{z+3}{-2}\right)$

6. $a = 2$

7. $\left(-\dfrac{6}{5},\ \dfrac{19}{5},\ \dfrac{6}{5}\right)$

8. $(8,\ 5,\ -5),\ (0,\ -3,\ -1)$

練習問題 2·B (p.48)

1. $\overrightarrow{\mathrm{BC}}\cdot\overrightarrow{\mathrm{BA}} = \overrightarrow{\mathrm{BC}}\cdot\overrightarrow{\mathrm{BD}}$ より

$\overrightarrow{BC}\cdot\overrightarrow{AD}=0$ を示せ.

2. $2x+3y-4z-6=0$

3. (1) $x=2,\ z=-1$

(2) $t(-1,\ 1,\ 1)$ (t は 0 でない実数)

(3) $x=2-t,\ y=t,\ z=-1+t$

(t は実数)

4. (1) 中心 $(2,\ -3,\ 0)$ 半径 $\sqrt{33}$

(2) $4\sqrt{6}$

5. $l=\dfrac{2}{3},\ m=\dfrac{1}{2}$

6. $l\vec{a}+m\vec{b}+n\vec{c}=\vec{0}$ とするとき,

$l=m=n=0$ を示せ.

7. $d<14$

中心 $(3,\ -1,\ 2)$ 半径 $\sqrt{14-d}$

2章 行列

(p.50～68)

問1 (1, 2) 成分 4, 52, b

(2, 1) 成分 -1, 20, d

問2 $a=2,\ b=3,\ c=1,\ d=-4$

問3 (1) $\begin{pmatrix}-4 & 11\\ 6 & -1\end{pmatrix}$

(2) $\begin{pmatrix}1 & 10 & 0\\ 2 & 11 & 3\end{pmatrix}$

問4 (1) $\begin{pmatrix}4 & 13 & -7\\ -4 & 6 & 0\end{pmatrix}$

(2) $\begin{pmatrix}2 & 14 & -9\\ 3 & 5 & 5\end{pmatrix}$

問5 $x=8,\ y=2,\ z=-2,\ w=5$

問6 (1) $\begin{pmatrix}-3 & 8 & -3\\ -7 & -1 & 7\end{pmatrix}$

(2) $\begin{pmatrix}-2 & 10\\ 8 & 2\\ 7 & 6\end{pmatrix}$

問7 (1) $\begin{pmatrix}2 & 0\\ -1 & 6\end{pmatrix}$

(2) $\begin{pmatrix}-4 & 2\\ -1 & -2\end{pmatrix}$ (3) $\begin{pmatrix}-8 & 4\\ -3 & 2\end{pmatrix}$

問8 $A=\begin{pmatrix}a_{11} & a_{12} & a_{13}\\ a_{21} & a_{22} & a_{23}\end{pmatrix}$,

$B=\begin{pmatrix}b_{11} & b_{12} & b_{13}\\ b_{21} & b_{22} & b_{23}\end{pmatrix}$ とおいて等式の両辺を計算せよ.

問9 (1) $\begin{pmatrix}20 & 3 & -3\\ -12 & 2 & 1\end{pmatrix}$

(2) $\begin{pmatrix}-18 & 22 & 30\\ 29 & -20 & 3\end{pmatrix}$

(3) $\begin{pmatrix}0 & 19 & 21\\ 14 & -14 & 3\end{pmatrix}$

(4) $\begin{pmatrix}4 & -26 & -30\\ -22 & 20 & -4\end{pmatrix}$

問10 $\begin{pmatrix} \frac{19}{3} & \frac{4}{3} & 2 \\ 6 & 3 & -1 \\ 3 & -\frac{2}{3} & \frac{11}{3} \end{pmatrix}$

問11 (1) $\begin{pmatrix} 11 & 8 \\ 8 & -6 \end{pmatrix}$ (2) $\begin{pmatrix} -2 \\ 10 \end{pmatrix}$

(3) 7 (4) $\begin{pmatrix} 2 & 6 & 3 \\ 10 & 5 & 15 \\ 2 & 21 & 3 \end{pmatrix}$

(5) $\begin{pmatrix} 10 & 14 \\ 25 & 0 \end{pmatrix}$ (6) $\begin{pmatrix} 12 & 0 & 15 \\ -8 & 0 & -10 \\ 4 & 0 & 5 \end{pmatrix}$

問12 $A = \begin{pmatrix} a_{11} & a_{12} \\ a_{21} & a_{22} \\ a_{31} & a_{32} \end{pmatrix}$,

$B = \begin{pmatrix} b_{11} & b_{12} \\ b_{21} & b_{22} \end{pmatrix}$,

$C = \begin{pmatrix} c_{11} & c_{12} \\ c_{21} & c_{22} \end{pmatrix}$ とおいて等式の両辺を計算せよ.

問13 $J^2 = \begin{pmatrix} 1 & 0 \\ 0 & -1 \end{pmatrix}\begin{pmatrix} 1 & 0 \\ 0 & -1 \end{pmatrix}$

$= \begin{pmatrix} 1 & 0 \\ 0 & 1 \end{pmatrix} = E$

他も同様に計算せよ.

問14 (1) $\begin{pmatrix} 0 & -3 \\ 0 & 15 \end{pmatrix}$

(2) $\begin{pmatrix} 3 & 13 \\ -15 & 12 \end{pmatrix}$

問15 $A^2 = \begin{pmatrix} 0 & 1 \\ 0 & 0 \end{pmatrix}\begin{pmatrix} 0 & 1 \\ 0 & 0 \end{pmatrix}$

$= \begin{pmatrix} 0 & 0 \\ 0 & 0 \end{pmatrix}$ 他も同様にせよ.

問16 $AB = \begin{pmatrix} 2 & 3 \\ 4 & 6 \end{pmatrix} = AC$

問17 $a = 0$ かつ $bc = 0$

問18 ${}^tA = \begin{pmatrix} 2 & 5 \\ -3 & 4 \\ -6 & -1 \end{pmatrix}$,

${}^tB = \begin{pmatrix} 3 & 4 & -1 \\ -6 & 1 & -6 \\ -5 & 0 & 0 \end{pmatrix}$,

${}^tC = \begin{pmatrix} 0 & -6 & -2 \\ 6 & 0 & 5 \\ 2 & -5 & 0 \end{pmatrix}$,

${}^tD = (1 \quad -4 \quad 5)$,

${}^tE = \begin{pmatrix} 1 & 0 & 0 \\ 0 & 1 & 0 \\ 0 & 0 & 1 \end{pmatrix}$, ${}^tF = \begin{pmatrix} 4 \\ 3 \\ 5 \end{pmatrix}$

問19 $A = \begin{pmatrix} a_{11} & a_{12} & a_{13} \\ a_{21} & a_{22} & a_{23} \end{pmatrix}$,

$B = \begin{pmatrix} b_{11} & b_{12} & b_{13} \\ b_{21} & b_{22} & b_{23} \end{pmatrix}$ とおいて等式の両辺を計算せよ.

問20 ${}^t(AB) = \begin{pmatrix} -10 & 3 \\ 4 & 12 \end{pmatrix}$

${}^t(BA) = \begin{pmatrix} -8 & 4 \\ 13 & 10 \end{pmatrix}$

${}^tA{}^tB = \begin{pmatrix} -8 & 4 \\ 13 & 10 \end{pmatrix}$

${}^tB{}^tA = \begin{pmatrix} -10 & 3 \\ 4 & 12 \end{pmatrix}$

問21 (1) $b = c$

(2) $a = d = 0,\ b = -c$

問22 (1) ${}^tA = A,\ {}^tB = B$ を用いて ${}^t(kA + lB)$ を計算せよ.

(2) ${}^tA = -A,\ {}^tB = -B$ を用いて ${}^t(kA + lB)$ を計算せよ.

問23 (1) 正則, $\dfrac{1}{5}\begin{pmatrix} 4 & 3 \\ 1 & 2 \end{pmatrix}$

(2) 正則でない (3) 正則, $\begin{pmatrix} 1 & 0 \\ 0 & 1 \end{pmatrix}$

問24 (1) $\begin{pmatrix} -4 & 10 \\ 3 & -9 \end{pmatrix}$

(2) $\begin{pmatrix} \dfrac{7}{2} & -\dfrac{15}{2} \\ \dfrac{17}{2} & -\dfrac{33}{2} \end{pmatrix}$

問25 (1) $\begin{pmatrix} -7 & 3 \\ 19 & -8 \end{pmatrix}$

(2) $\begin{pmatrix} -7 & 3 \\ 19 & -8 \end{pmatrix}$

(3) $\begin{pmatrix} -6 & 11 \\ 5 & -9 \end{pmatrix}$

練習問題 1·A (p.69)

1. (1) $\begin{pmatrix} 3 & -16 & -14 \\ 9 & 6 & -2 \end{pmatrix}$

(2) $\begin{pmatrix} 5 & 6 & 28 \\ -6 & 10 & -15 \end{pmatrix}$

2. (1) $\begin{pmatrix} -2 & 11 \\ 12 & 17 \\ 5 & 14 \end{pmatrix}$ (2) $\begin{pmatrix} 3 & -7 \\ -9 & -11 \\ -3 & -8 \end{pmatrix}$

3. (1) $\begin{pmatrix} 3 & 25 & 12 \\ -9 & 1 & -6 \\ 6 & -2 & 9 \end{pmatrix}$

(2) $\begin{pmatrix} 44 & 16 & 28 \\ -22 & -20 & -24 \\ 7 & -4 & -1 \end{pmatrix}$

4. (1) 正則でない

(2) 正則, $-\dfrac{1}{3}\begin{pmatrix} 7 & -5 \\ -2 & 1 \end{pmatrix}$

5. $a \neq -3,\ \dfrac{1}{4(a+3)}\begin{pmatrix} 4 & 2 \\ -6 & a \end{pmatrix}$

6. $\begin{pmatrix} -10 & 3 \\ 8 & -2 \end{pmatrix}$

7. $AB = BA$

練習問題 1·B (p.70)

1. $\begin{pmatrix} 1 & 0 \\ 0 & 2 \end{pmatrix}$, $\begin{pmatrix} -1 & 0 \\ 0 & 2 \end{pmatrix}$,

$\begin{pmatrix} 1 & 0 \\ 0 & -2 \end{pmatrix}$, $\begin{pmatrix} -1 & 0 \\ 0 & -2 \end{pmatrix}$

2. (1) $(a,\ b,\ c) = (1,\ 2,\ 2)$,

$(a,\ b,\ c) = (2,\ 1,\ 2)$

(2) $3^{n-1}A$

3. (1) 逆行列の公式を用いよ.

(2) 加法定理を用いよ.

4. ${}^tA\,{}^t(A^{-1}) = {}^t(A^{-1}A) = {}^tE = E$

同様に, ${}^t(A^{-1})\,{}^tA = E$ も成り立つ.

5. A が正則であると仮定して背理法を用いよ.

6. (1) E (2) E

(3) (1), (2) より $E - A$ は正則である.

$(E - A)^{-1} = E + A + \cdots + A^{n-1}$

2 (p.71～82)

問1 (1) $x = -7,\ y = 3$

(2) $x = 3,\ y = -1,\ z = 4$

問2 (1) $x = 2 - 3t,\ y = t$

(t は任意の数)

(2) 解はない

問3 (1) $\dfrac{1}{2}\begin{pmatrix} -9 & 5 \\ 4 & -2 \end{pmatrix}$

(2) $\begin{pmatrix} 1 & 0 & 0 \\ -2 & 1 & 0 \\ 5 & -2 & 1 \end{pmatrix}$

(3) $\begin{pmatrix} -3 & 2 & 4 \\ 2 & -\dfrac{3}{2} & -\dfrac{5}{2} \\ 0 & \dfrac{1}{2} & \dfrac{1}{2} \end{pmatrix}$

問4 (1) $x = 1,\ y = 1,\ z = 0$

(2) $x = 40,\ y = 19,\ z = 54$

問5 (1) 2 (2) 1

問6 (1) 正則 (2) 正則でない

練習問題 2·A (p.83)

1. (1) $x = 2,\ y = 5,\ z = -1$

(2) $x = 1 - t,\ y = 1 - 2t,\ z = t$

(t は任意の数)

2. (1) $x = 5,\ y = -1,\ z = 3$

(2) $\begin{pmatrix} 7 & -9 & -3 \\ -2 & 3 & 1 \\ 5 & -7 & -2 \end{pmatrix}$

(3) $x = 5,\ y = -1,\ z = 3$

(1) と同じ解であることがわかる.

3. $\begin{pmatrix} 8 & 37 & 16 \\ 4 & 21 & 9 \\ 4 & 11 & 5 \end{pmatrix}$

4. (1) 2, 2

(2) $x = 4 - 3t,\ y = t,\ z = 2$

(t は任意の数)

練習問題 2·B (p.84)

1. $\begin{pmatrix} 1 & -1 & -1 & -1 \\ 6 & -3 & -8 & -7 \\ -2 & 2 & 3 & 3 \\ -4 & 3 & 5 & 5 \end{pmatrix}$

2. $\begin{pmatrix} -3 & 2 & 2 \\ 1 & -1 & -1 \\ 1 & 1 & -1 \end{pmatrix}$

係数行列の階数は 3 であることを用いよ.

3. (1) 2, 2

(2) $\begin{cases} x = 4 - s - 2t \\ y = 2 + 3s \\ z = s \\ w = t \end{cases}$

(s, t は任意の数)

3章 行列式

1 (p.86〜99)

問1 (1) -7 (2) 5 (3) 0

問2 (1) 奇順列 (2) 偶順列

問3 (1) -30 (2) -18

問4 (1) 20 (2) 9

問5 (1), (2) 例題 3 の結果を繰り返し用いよ.

問6 (1) 行列式の定義を用いよ.

(2) 各行から c をくくり出せ.

問7 (1) 3 (2) -25

問8 (1) $(a-x)(b-y)$

(2) $(a-b)(b-c)(c-a)$

問9 ${}^tA A = E$ の両辺の行列式を計算せよ.

練習問題 1·A (p.100)

1. (1) 9 (2) 14 (3) 10 (4) -39

2.

(1) $(a-b)(b-c)(c-a)(ab+bc+ca)$

(2) $(a+2b)(a-b)^2$

3. (1) $x = 1, -2$ (2) $x = 1, 4, -3$

4. $AB = O$ の両辺の行列式を計算せよ.

練習問題 1·B (p.101)

1. (1) $(a+b+c)(a-b)(b-c)(c-a)$

(2) $(a-b)(a-c)(a-d)(b-c)$

$\cdot (b-d)(c-d)$

2. 行列式の性質 (3) を用いて, 行列式の和に変形せよ.

3. (1) $\begin{pmatrix} a^2+b^2 & bc & ca \\ bc & c^2+a^2 & ab \\ ca & ab & b^2+c^2 \end{pmatrix}$

(2) (1) と行列の積の行列式の公式を用いよ.

4. $|-A|$ の各行から -1 をくくり出し, $|{}^tA| = |A|$ を用いよ.

2 (p.102〜118)

問1 (1) -21 (2) 4

問2 (1) -20 (2) 0

問3 (1) 正則である．逆行列は

$$\frac{1}{12}\begin{pmatrix} 4 & -4 & -4 \\ -4 & 1 & -5 \\ -8 & 8 & -4 \end{pmatrix}$$

(2) 正則でない．

問4 (1) $x=y=-1$

(2) $x=5,\ y=-2,\ z=5$

問5 (1) $k=4,\ \ x=-\dfrac{4}{5}t,\ \ y=t$

(2) $k=2,\ \ x=-2t,\ \ y=t,\ z=t$

(t は任意の数)

問6 (1) 線形独立 (2) 線形従属

問7 8

問8 36

練習問題 2·A (p.119)

1. (1) $-\dfrac{1}{17}\begin{pmatrix} -3 & 5 \\ 1 & 4 \end{pmatrix}$

(2) $-\dfrac{1}{9}\begin{pmatrix} 2 & -1 & -3 \\ -1 & -4 & 6 \\ -3 & 6 & -9 \end{pmatrix}$

2. (1) $x=-\dfrac{8}{29},\ y=-\dfrac{9}{29}$

(2) $x=1,\ y=-\dfrac{1}{11},\ z=-\dfrac{6}{11}$

3. $a=-2$

4. 24

5. $\overrightarrow{\mathrm{AB}},\ \overrightarrow{\mathrm{AC}},\ \overrightarrow{\mathrm{AD}}$ が線形従属になるように a の値を求めよ． $a=-3$

6. $\begin{vmatrix} 1 & 1 & 1 \\ a_1 & b_1 & c_1 \\ a_2 & b_2 & c_2 \end{vmatrix} = \begin{vmatrix} b_1-a_1 & c_1-a_1 \\ b_2-a_2 & c_2-a_2 \end{vmatrix}$

であることを用いよ．

練習問題 2·B (p.120)

1. (1) $x=0,\ y=1,\ z=0$

(2) $x=\dfrac{(1-b)(1-c)}{a(a-b)(a-c)}$

$y=\dfrac{(1-c)(1-a)}{b(b-c)(b-a)}$

$z=\dfrac{(1-a)(1-b)}{c(c-a)(c-b)}$

2. $A\widetilde{A}=|A|E$ だから両辺の行列式を計算すると $|A||\widetilde{A}|=|A|^n$ となることを用いよ．

3. (1) $\overrightarrow{\mathrm{OP}},\ \overrightarrow{\mathrm{OA}},\ \overrightarrow{\mathrm{OB}}$ は線形従属であることを用いよ．

(2) (1) の行列式を第 1 列に関して展開せよ．

4. $k=1,\ -1,\ 2$

$k=1$ のとき

$x=t,\ y=0,\ z=t$

$k=-1$ のとき

$x=0,\ y=t,\ z=t$

$k=2$ のとき

$x=t,\ y=t,\ z=t$

(t は任意の数)

4章 行列の応用

1 (p.122～135)

問1 $\begin{cases} x' = x \\ y' = -y \end{cases}$

問2 線形変換は (1), (2)

(1) $\begin{pmatrix} 1 & 0 \\ 0 & -1 \end{pmatrix}$ (2) $\begin{pmatrix} -1 & 0 \\ 0 & 1 \end{pmatrix}$

(3) は $x' = x + 1,\ y' = y - 2$ と表され，定数項をもつから線形変換でない．

問3 (1) $\begin{pmatrix} 2 & 3 \\ 1 & -2 \end{pmatrix}$, $(13,\ -4)$

(2) $\begin{pmatrix} 0 & -1 \\ 2 & 0 \end{pmatrix}$, $(-3,\ 4)$

問4 $A = \begin{pmatrix} 1 & 3 \\ 2 & 7 \end{pmatrix}$

問5 線形変換の基本性質を用いよ．

問6 $\begin{pmatrix} 1 \\ 1 \end{pmatrix}$

問7 (1) 直線 $y = 4x + 7$

(2) 点 $(3,\ -1)$

問8 $\begin{pmatrix} 2 & 2 \\ 1 & 6 \end{pmatrix}$

問9 $\dfrac{1}{3}\begin{pmatrix} 3 & 0 \\ -2 & 1 \end{pmatrix}$, $(-1,\ 2)$

問10 $(1,\ 0),\ (0,\ 1),\ (0,\ 1)$

問11 直線 $2x + y = 2$

問12 $\dfrac{1}{2}\begin{pmatrix} 1 & -\sqrt{3} \\ \sqrt{3} & 1 \end{pmatrix}$, $\begin{pmatrix} 0 & -1 \\ 1 & 0 \end{pmatrix}$, $\begin{pmatrix} -1 & 0 \\ 0 & -1 \end{pmatrix}$, $\dfrac{1}{\sqrt{2}}\begin{pmatrix} 1 & 1 \\ -1 & 1 \end{pmatrix}$

問13 $\left(\dfrac{1}{2} \mp \dfrac{3\sqrt{3}}{2},\ \pm\dfrac{\sqrt{3}}{2} + \dfrac{3}{2}\right)$

（複号同順）

問14 列ベクトルの大きさと内積を計算せよ．

練習問題 1・A (p.136)

1. $A = \begin{pmatrix} 0 & 1 \\ 1 & 0 \end{pmatrix}$, $A^2 = \begin{pmatrix} 1 & 0 \\ 0 & 1 \end{pmatrix}$

2. kE

3. $A = \begin{pmatrix} 1 & -1 \\ 2 & -1 \end{pmatrix}$

4. 直線 $y = \dfrac{2}{3}x$

5. (1) $(1,\ -1)$ (2) $(1,\ -1)$

6. θ だけ回転する線形変換を n 回合成すると $n\theta$ だけ回転する線形変換になる．

7. ${}^t({}^tA){}^tA = E,\ {}^t(AB)AB = E$ を示せ．

練習問題 1・B (p.137)

1. $\begin{pmatrix} \cos 2\theta & \sin 2\theta \\ \sin 2\theta & -\cos 2\theta \end{pmatrix}$

2. (1) 直線 $\dfrac{x}{-1} = \dfrac{y}{3} = z$

(2) 平面 $\sqrt{2}\,y - z = 1$

3. $\mathrm{P}(x_1,\ y_1),\ \mathrm{Q}(x_2,\ y_2)$ とおくと

$\triangle\mathrm{OPQ} = \dfrac{1}{2}|x_1y_2 - x_2y_1|$

であることを用いよ．

4. 線形変換の基本性質を用いよ．

2 (p.138～157)

問1 $A\begin{pmatrix}2\\1\end{pmatrix}=\begin{pmatrix}4\\2\end{pmatrix}$, $A\begin{pmatrix}1\\1\end{pmatrix}=\begin{pmatrix}3\\3\end{pmatrix}$

よって，固有ベクトルであり，固有値は2と3である．

問2 固有値・固有ベクトルは順に対応

(1) $\lambda=1,\ 5$

$c_1\begin{pmatrix}1\\1\end{pmatrix}$, $c_2\begin{pmatrix}1\\-3\end{pmatrix}$ $(c_1\neq 0,\ c_2\neq 0)$

(2) $\lambda=2,\ 3$

$c_1\begin{pmatrix}1\\0\end{pmatrix}$, $c_2\begin{pmatrix}1\\1\end{pmatrix}$ $(c_1\neq 0,\ c_2\neq 0)$

問3 (1) $\lambda=0,\ -2,\ -3$

$c_1\begin{pmatrix}1\\2\\1\end{pmatrix}$, $c_2\begin{pmatrix}1\\1\\1\end{pmatrix}$, $c_3\begin{pmatrix}1\\2\\2\end{pmatrix}$

$(c_1\neq 0,\ c_2\neq 0,\ c_3\neq 0)$

(2) $\lambda=1,\ 2,\ 4$

$c_1\begin{pmatrix}1\\0\\0\end{pmatrix}$, $c_2\begin{pmatrix}8\\3\\1\end{pmatrix}$, $c_3\begin{pmatrix}2\\3\\3\end{pmatrix}$

$(c_1\neq 0,\ c_2\neq 0,\ c_3\neq 0)$

問4 (1) $\lambda=-1$, $c_1\begin{pmatrix}-1\\-1\\1\end{pmatrix}$ $(c_1\neq 0)$

$\lambda=2$ (2重解),

$c_2\begin{pmatrix}-1\\1\\0\end{pmatrix}+c_3\begin{pmatrix}1\\0\\1\end{pmatrix}$

$(c_2\neq 0$ または $c_3\neq 0)$

(2) $\lambda=-3$, $c_1\begin{pmatrix}1\\-1\\2\end{pmatrix}$ $(c_1\neq 0)$

$\lambda=1$ (2重解), $c_2\begin{pmatrix}0\\1\\1\end{pmatrix}$ $(c_2\neq 0)$

問5 $P^{-1}=\begin{pmatrix}-1&2\\1&-1\end{pmatrix}$ を用いて

$P^{-1}AP$ を計算せよ．

問6 (1) $P=\begin{pmatrix}1&1\\1&-3\end{pmatrix}$

$P^{-1}AP=\begin{pmatrix}5&0\\0&1\end{pmatrix}$

(2) $P=\begin{pmatrix}-3&1\\4&1\end{pmatrix}$

$P^{-1}BP=\begin{pmatrix}-1&0\\0&6\end{pmatrix}$

問7 (1) $P=\begin{pmatrix}1&1&1\\2&1&2\\1&1&2\end{pmatrix}$

$$P^{-1}AP = \begin{pmatrix} 0 & 0 & 0 \\ 0 & -2 & 0 \\ 0 & 0 & -3 \end{pmatrix}$$

(2) $P = \begin{pmatrix} 1 & 8 & 2 \\ 0 & 3 & 3 \\ 0 & 1 & 3 \end{pmatrix}$

$$P^{-1}BP = \begin{pmatrix} 1 & 0 & 0 \\ 0 & 2 & 0 \\ 0 & 0 & 4 \end{pmatrix}$$

問8 A は対角化可能

$P = \begin{pmatrix} -1 & -1 & 1 \\ -1 & 1 & 0 \\ 1 & 0 & 1 \end{pmatrix}$

$$P^{-1}AP = \begin{pmatrix} -1 & 0 & 0 \\ 0 & 2 & 0 \\ 0 & 0 & 2 \end{pmatrix}$$

B は対角化可能でない

問9 $T = \begin{pmatrix} -\dfrac{2}{\sqrt{5}} & \dfrac{1}{\sqrt{5}} \\ \dfrac{1}{\sqrt{5}} & \dfrac{2}{\sqrt{5}} \end{pmatrix}$

$$T^{-1}AT = {}^tTAT = \begin{pmatrix} -3 & 0 \\ 0 & 2 \end{pmatrix}$$

問10 固有値は $\lambda = -2,\ 1$ (2 重解),

それぞれに対する固有ベクトルは

$$\boldsymbol{x}_1 = c_1 \begin{pmatrix} 1 \\ -1 \\ 1 \end{pmatrix} \ (c_1 \neq 0)$$

$$\boldsymbol{x}_2 = c_2 \begin{pmatrix} 1 \\ 1 \\ 0 \end{pmatrix} + c_3 \begin{pmatrix} -1 \\ 0 \\ 1 \end{pmatrix}$$

$(c_2 \neq 0$ または $c_3 \neq 0)$

であることを用いよ.

$$T = \begin{pmatrix} \dfrac{1}{\sqrt{3}} & \dfrac{1}{\sqrt{2}} & -\dfrac{1}{\sqrt{6}} \\ -\dfrac{1}{\sqrt{3}} & \dfrac{1}{\sqrt{2}} & \dfrac{1}{\sqrt{6}} \\ \dfrac{1}{\sqrt{3}} & 0 & \dfrac{2}{\sqrt{6}} \end{pmatrix}$$

$$T^{-1}AT = {}^tTAT = \begin{pmatrix} -2 & 0 & 0 \\ 0 & 1 & 0 \\ 0 & 0 & 1 \end{pmatrix}$$

問11 $x = \dfrac{1}{\sqrt{2}}(x' - y')$,

$y = \dfrac{1}{\sqrt{2}}(x' + y')$ を左辺に代入せよ.

問12 (1) $x = \dfrac{x' - y'}{\sqrt{2}},\ y = \dfrac{x' + y'}{\sqrt{2}}$

とおくと　$3x'^2 - y'^2$

(2) $x = \dfrac{2x' - y'}{\sqrt{5}},\ y = \dfrac{x' + 2y'}{\sqrt{5}}$

とおくと　$2x'^2 + 7y'^2$

問13 $\begin{pmatrix} x \\ y \end{pmatrix} = \begin{pmatrix} \dfrac{1}{\sqrt{2}} & -\dfrac{1}{\sqrt{2}} \\ \dfrac{1}{\sqrt{2}} & \dfrac{1}{\sqrt{2}} \end{pmatrix} \begin{pmatrix} x' \\ y' \end{pmatrix}$

標準形は　$3x'^2 + y'^2$

$$3x'^2 + y'^2 = 3 \left(x'^2 + \frac{y'^2}{(\sqrt{3})^2} = 1 \right)$$

を用いよ.

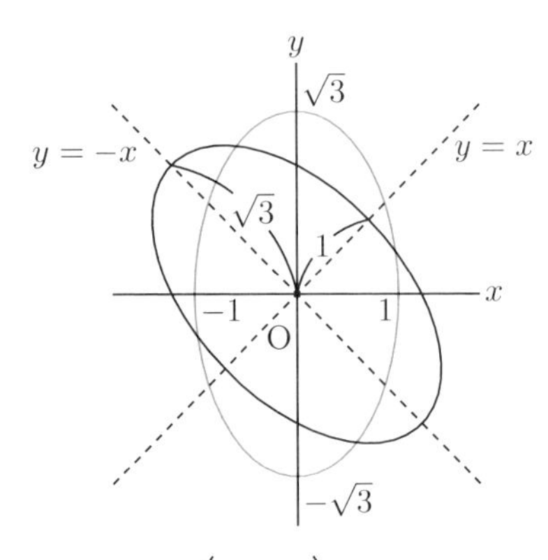

問14 $P=\begin{pmatrix}3&1\\1&1\end{pmatrix}$ とおくと

$$A^n=P\begin{pmatrix}2^n&0\\0&4^n\end{pmatrix}P^{-1}$$

$$=\frac{1}{2}\begin{pmatrix}3\cdot2^n-4^n&-3\cdot2^n+3\cdot4^n\\2^n-4^n&-2^n+3\cdot4^n\end{pmatrix}$$

練習問題 2·A (p.158)

1. 固有値・固有ベクトルは順に対応

(1) $\lambda=2,\ -4$

$$c_1\begin{pmatrix}1\\5\end{pmatrix},\ c_2\begin{pmatrix}-1\\1\end{pmatrix}\ (c_1\neq0,\ c_2\neq0)$$

(2) $\lambda=5,\ -1$

$$c_1\begin{pmatrix}2\\1\end{pmatrix},\ c_2\begin{pmatrix}-1\\1\end{pmatrix}\ (c_1\neq0,\ c_2\neq0)$$

(3) $\lambda=-2$ (2 重解), $c\begin{pmatrix}-1\\1\end{pmatrix}\ (c\neq0)$

2. $\lambda=-3,\ -2,\ 2$

$$c_1\begin{pmatrix}1\\-1\\1\end{pmatrix},\ c_2\begin{pmatrix}0\\1\\-1\end{pmatrix},\ c_3\begin{pmatrix}1\\-1\\2\end{pmatrix}$$

$(c_1\neq0,\ c_2\neq0,\ c_3\neq0)$

3. (1) 対角化可能 $P=\begin{pmatrix}2&-1\\1&1\end{pmatrix}$

$$\begin{pmatrix}5&0\\0&-1\end{pmatrix}$$

(2) 可能でない (3) 可能でない

(4) 対角化可能 $P=\begin{pmatrix}-1&-2&1\\0&1&1\\1&0&1\end{pmatrix}$

$$\begin{pmatrix}1&0&0\\0&1&0\\0&0&5\end{pmatrix}$$

4. (1) $T=\frac{1}{\sqrt{5}}\begin{pmatrix}1&2\\-2&1\end{pmatrix}$

$$T^{-1}AT={}^tTAT=\begin{pmatrix}4&0\\0&9\end{pmatrix}$$

(2) $T=\begin{pmatrix}-\frac{1}{\sqrt{3}}&0&\frac{2}{\sqrt{6}}\\\frac{1}{\sqrt{3}}&\frac{1}{\sqrt{2}}&\frac{1}{\sqrt{6}}\\\frac{1}{\sqrt{3}}&-\frac{1}{\sqrt{2}}&\frac{1}{\sqrt{6}}\end{pmatrix}$

$$T^{-1}BT={}^tTBT=\begin{pmatrix}1&0&0\\0&2&0\\0&0&4\end{pmatrix}$$

5. (1) $4x'^2+9y'^2$ (2) $\sqrt{2}x'^2-\sqrt{2}y'^2$

6. $P = \begin{pmatrix} 3 & 1 \\ 2 & -1 \end{pmatrix}$ により

$$P^{-1}AP = \begin{pmatrix} 4 & 0 \\ 0 & -1 \end{pmatrix}$$

$$A^n = \frac{1}{5}\begin{pmatrix} 3\cdot 4^n + 2\cdot(-1)^n & 3\cdot 4^n - 3\cdot(-1)^n \\ 2\cdot 4^n - 2\cdot(-1)^n & 2\cdot 4^n + 3\cdot(-1)^n \end{pmatrix}$$

練習問題 2・B (p.159)

1. $A = \begin{pmatrix} 6 & -4 \\ 2 & 0 \end{pmatrix}$

2. (1) $\lambda = 0$ とおけ.

(2) (1) の結果を用いよ.

3. A の固有値 λ に対する固有ベクトルを $\boldsymbol{x}$ とおく.

(1) $A^2\boldsymbol{x} = \lambda^2\boldsymbol{x}$ を証明せよ.

(2) **2** と同様の方法で，一般の n 次のときも A が正則なら $\lambda \neq 0$ を示した上で $A^{-1}\boldsymbol{x} = \dfrac{1}{\lambda}\boldsymbol{x}$ を証明せよ.

4. $T = \begin{pmatrix} \frac{1}{\sqrt{2}} & -\frac{1}{\sqrt{6}} & \frac{1}{\sqrt{3}} \\ 0 & \frac{2}{\sqrt{6}} & \frac{1}{\sqrt{3}} \\ -\frac{1}{\sqrt{2}} & -\frac{1}{\sqrt{6}} & \frac{1}{\sqrt{3}} \end{pmatrix}$

$\alpha = -1,\ \beta = 1,\ \gamma = 4$

5. $|T - E| = |{}^t(T-E)|\cdot 1$

$= |{}^tT - E||T| = |E - T|$

$= |-(T-E)| = (-1)^3|T-E|$

$= -|T-E|$ を用いよ.

行列の応用

索引

三角関数表

角	sin	cos	tan	角	sin	cos	tan
0°	0.0000	1.0000	0.0000	45°	0.7071	0.7071	1.0000
1°	0.0175	0.9998	0.0175	46°	0.7193	0.6947	1.0355
2°	0.0349	0.9994	0.0349	47°	0.7314	0.6820	1.0724
3°	0.0523	0.9986	0.0524	48°	0.7431	0.6691	1.1106
4°	0.0698	0.9976	0.0699	49°	0.7547	0.6561	1.1504
5°	0.0872	0.9962	0.0875	50°	0.7660	0.6428	1.1918
6°	0.1045	0.9945	0.1051	51°	0.7771	0.6293	1.2349
7°	0.1219	0.9925	0.1228	52°	0.7880	0.6157	1.2799
8°	0.1392	0.9903	0.1405	53°	0.7986	0.6018	1.3270
9°	0.1564	0.9877	0.1584	54°	0.8090	0.5878	1.3764
10°	0.1736	0.9848	0.1763	55°	0.8192	0.5736	1.4281
11°	0.1908	0.9816	0.1944	56°	0.8290	0.5592	1.4826
12°	0.2079	0.9781	0.2126	57°	0.8387	0.5446	1.5399
13°	0.2250	0.9744	0.2309	58°	0.8480	0.5299	1.6003
14°	0.2419	0.9703	0.2493	59°	0.8572	0.5150	1.6643
15°	0.2588	0.9659	0.2679	60°	0.8660	0.5000	1.7321
16°	0.2756	0.9613	0.2867	61°	0.8746	0.4848	1.8040
17°	0.2924	0.9563	0.3057	62°	0.8829	0.4695	1.8807
18°	0.3090	0.9511	0.3249	63°	0.8910	0.4540	1.9626
19°	0.3256	0.9455	0.3443	64°	0.8988	0.4384	2.0503
20°	0.3420	0.9397	0.3640	65°	0.9063	0.4226	2.1445
21°	0.3584	0.9336	0.3839	66°	0.9135	0.4067	2.2460
22°	0.3746	0.9272	0.4040	67°	0.9205	0.3907	2.3559
23°	0.3907	0.9205	0.4245	68°	0.9272	0.3746	2.4751
24°	0.4067	0.9135	0.4452	69°	0.9336	0.3584	2.6051
25°	0.4226	0.9063	0.4663	70°	0.9397	0.3420	2.7475
26°	0.4384	0.8988	0.4877	71°	0.9455	0.3256	2.9042
27°	0.4540	0.8910	0.5095	72°	0.9511	0.3090	3.0777
28°	0.4695	0.8829	0.5317	73°	0.9563	0.2924	3.2709
29°	0.4848	0.8746	0.5543	74°	0.9613	0.2756	3.4874
30°	0.5000	0.8660	0.5774	75°	0.9659	0.2588	3.7321
31°	0.5150	0.8572	0.6009	76°	0.9703	0.2419	4.0108
32°	0.5299	0.8480	0.6249	77°	0.9744	0.2250	4.3315
33°	0.5446	0.8387	0.6494	78°	0.9781	0.2079	4.7046
34°	0.5592	0.8290	0.6745	79°	0.9816	0.1908	5.1446
35°	0.5736	0.8192	0.7002	80°	0.9848	0.1736	5.6713
36°	0.5878	0.8090	0.7265	81°	0.9877	0.1564	6.3138
37°	0.6018	0.7986	0.7536	82°	0.9903	0.1392	7.1154
38°	0.6157	0.7880	0.7813	83°	0.9925	0.1219	8.1443
39°	0.6293	0.7771	0.8098	84°	0.9945	0.1045	9.5144
40°	0.6428	0.7660	0.8391	85°	0.9962	0.0872	11.4301
41°	0.6561	0.7547	0.8693	86°	0.9976	0.0698	14.3007
42°	0.6691	0.7431	0.9004	87°	0.9986	0.0523	19.0811
43°	0.6820	0.7314	0.9325	88°	0.9994	0.0349	28.6363
44°	0.6947	0.7193	0.9657	89°	0.9998	0.0175	57.2900
45°	0.7071	0.7071	1.0000	90°	1.0000	0.0000	

逆三角関数表

● $\cos\theta = x$ となる θ の値（ただし $0^\circ \leqq \theta \leqq 90^\circ$）

x	小数第2位									
	0	1	2	3	4	5	6	7	8	9
0.0	90.00	89.43	88.85	88.28	87.71	87.13	86.56	85.99	85.41	84.84
0.1	84.26	83.68	83.11	82.53	81.95	81.37	80.79	80.21	79.63	79.05
0.2	78.46	77.88	77.29	76.70	76.11	75.52	74.93	74.34	73.74	73.14
0.3	72.54	71.94	71.34	70.73	70.12	69.51	68.90	68.28	67.67	67.05
0.4	66.42	65.80	65.17	64.53	63.90	63.26	62.61	61.97	61.31	60.66
0.5	60.00	59.34	58.67	57.99	57.32	56.63	55.94	55.25	54.55	53.84
0.6	53.13	52.41	51.68	50.95	50.21	49.46	48.70	47.93	47.16	46.37
0.7	45.57	44.77	43.95	43.11	42.27	41.41	40.54	39.65	38.74	37.81
0.8	36.87	35.90	34.92	33.90	32.86	31.79	30.68	29.54	28.36	27.13
0.9	25.84	24.49	23.07	21.57	19.95	18.19	16.26	14.07	11.48	8.11
1.0	0.00									

● $\sin\theta = x$ となる θ の値（ただし $0^\circ \leqq \theta \leqq 90^\circ$）

x	小数第2位									
	0	1	2	3	4	5	6	7	8	9
0.0	0.00	0.57	1.15	1.72	2.29	2.87	3.44	4.01	4.59	5.16
0.1	5.74	6.32	6.89	7.47	8.05	8.63	9.21	9.79	10.37	10.95
0.2	11.54	12.12	12.71	13.30	13.89	14.48	15.07	15.66	16.26	16.86
0.3	17.46	18.06	18.66	19.27	19.88	20.49	21.10	21.72	22.33	22.95
0.4	23.58	24.20	24.83	25.47	26.10	26.74	27.39	28.03	28.69	29.34
0.5	30.00	30.66	31.33	32.01	32.68	33.37	34.06	34.75	35.45	36.16
0.6	36.87	37.59	38.32	39.05	39.79	40.54	41.30	42.07	42.84	43.63
0.7	44.43	45.23	46.05	46.89	47.73	48.59	49.46	50.35	51.26	52.19
0.8	53.13	54.10	55.08	56.10	57.14	58.21	59.32	60.46	61.64	62.87
0.9	64.16	65.51	66.93	68.43	70.05	71.81	73.74	75.93	78.52	81.89
1.0	90.00									

● $90^\circ < \theta \leqq 180^\circ$ のときは，次の公式を用いる．

$$\cos(180^\circ - \theta) = -\cos\theta,\ \sin(180^\circ - \theta) = \sin\theta$$

【例】$\cos\theta = -0.36$ $(0^\circ \leqq \theta \leqq 180^\circ)$

$\cos(180^\circ - \theta) = 0.36$ より　$180^\circ - \theta = 68.90^\circ$, $\theta = 111.10^\circ$

$\sin\theta = 0.72$ $(0^\circ \leqq \theta \leqq 180^\circ)$

$\sin(180^\circ - \theta) = 0.72$ より　$\theta = 46.05^\circ$, 133.95°

2次曲線（標準形）

● **楕円**　$\dfrac{x^2}{a^2}+\dfrac{y^2}{b^2}=1\ (a>0,\ b>0)$

	焦　点	長軸の長さ	短軸の長さ
$a>b$ のとき	$(\pm c,\ 0)$（ただし $c=\sqrt{a^2-b^2}$）	$2a$	$2b$
$a<b$ のとき	$(0,\ \pm c)$（ただし $c=\sqrt{b^2-a^2}$）	$2b$	$2a$

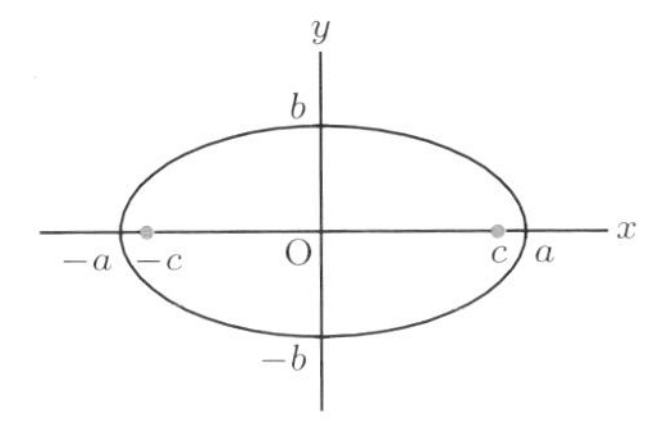

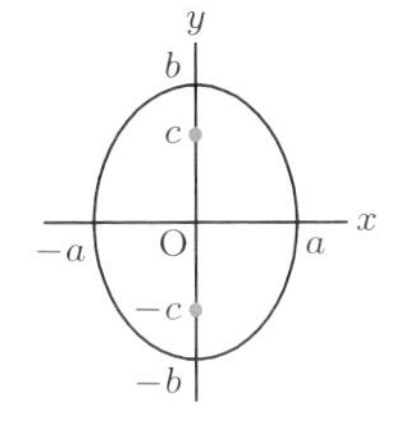

● **双曲線**　$\dfrac{x^2}{a^2}-\dfrac{y^2}{b^2}=\pm 1$

	焦　点	主軸の長さ	漸　近　線
右辺 $=1$	$(\pm c,\ 0)$（ただし $c=\sqrt{a^2+b^2}$）	$2a$	$y=\pm\dfrac{b}{a}x$
右辺 $=-1$	$(0,\ \pm c)$（ただし $c=\sqrt{a^2+b^2}$）	$2b$	$y=\pm\dfrac{b}{a}x$

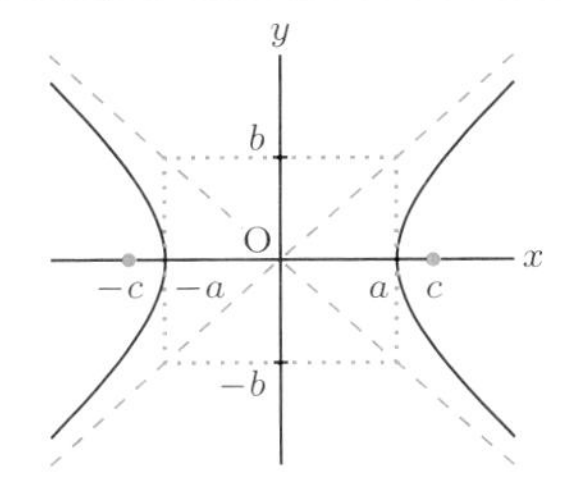

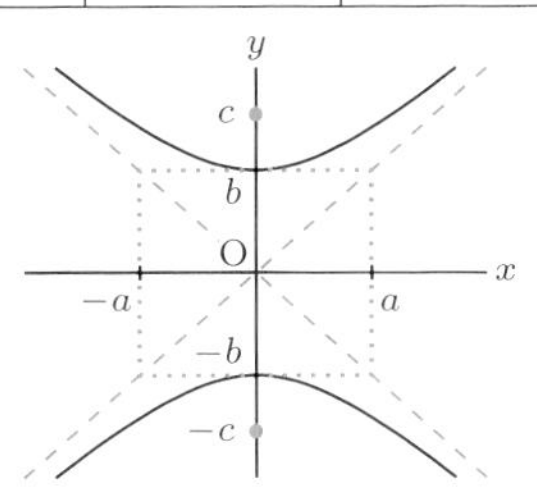

● **放物線**

$y^2=4px$

焦点 $(p,\ 0)$，準線 $x=-p$

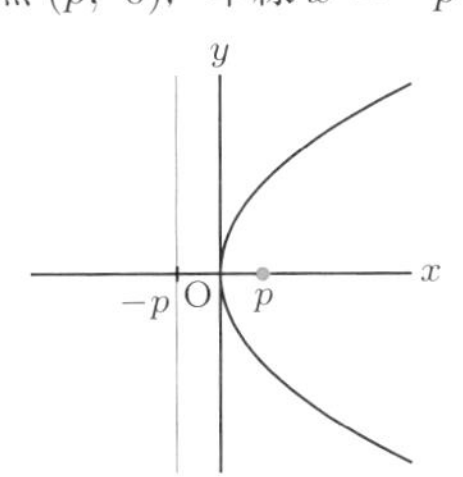

$x^2=4py$

焦点 $(0,\ p)$，準線 $y=-p$

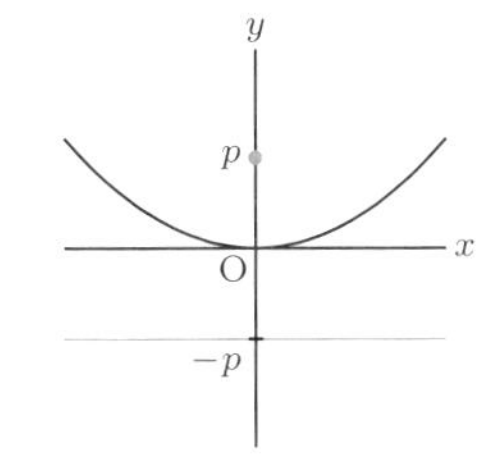

空間ベクトル

● **ベクトルの計算** ➡ p.30

$$\left|\overrightarrow{\mathrm{OA}}\right| = \sqrt{{a_1}^2 + {a_2}^2 + {a_3}^2}$$

$$m\,\overrightarrow{\mathrm{OA}} = (ma_1,\ ma_2,\ ma_3)$$

$$\overrightarrow{\mathrm{OA}} + \overrightarrow{\mathrm{OB}} = (a_1 + b_1,\ a_2 + b_2,\ a_3 + b_3)$$

$$\overrightarrow{\mathrm{AB}} = \overrightarrow{\mathrm{OB}} - \overrightarrow{\mathrm{OA}} = (b_1 - a_1,\ b_2 - a_2,\ b_3 - a_3)$$

ただし　$\overrightarrow{\mathrm{OA}} = (a_1,\ a_2,\ a_3),\ \overrightarrow{\mathrm{OB}} = (b_1,\ b_2,\ b_3)$

● **ベクトルの内積** ➡ p.32

$$\vec{a}\cdot\vec{b} = |\vec{a}||\vec{b}|\cos\theta$$

$$= a_1b_1 + a_2b_2 + a_3b_3$$

ただし　$\vec{a} = (a_1,\ a_2,\ a_3),\ \vec{b} = (b_1,\ b_2,\ b_3)$

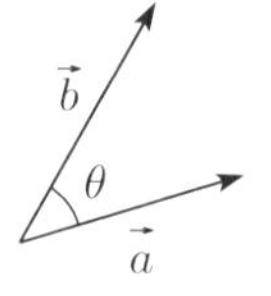

● **図形への応用**

平行条件　$\vec{b} = m\vec{a}$ を満たす実数 m が存在 ➡ p.14

垂直条件　$\vec{a}\cdot\vec{b} = 0$ ➡ p.15

内分点の公式　$\overrightarrow{\mathrm{OP}} = \dfrac{n\overrightarrow{\mathrm{OA}} + m\overrightarrow{\mathrm{OB}}}{m+n}$ ➡ p.16, 31

● **空間図形**

直線の方程式　$x = x_0 + v_1t,\ y = y_0 + v_2t,\ z = z_0 + v_3t$ ➡ p.35

$\vec{v} = (v_1,\ v_2,\ v_3)$ は方向ベクトルの 1 つ

平面の方程式　$ax + by + cz + d = 0$ ➡ p.37

$\vec{n} = (a,\ b,\ c)$ は法線ベクトルの 1 つ

点と平面の距離　$\dfrac{|ax_0 + by_0 + cz_0 + d|}{\sqrt{a^2 + b^2 + c^2}}$ ➡ p.41

球の方程式　$(x - x_0)^2 + (y - y_0)^2 + (z - z_0)^2 = r^2$ ➡ p.41

● **線形独立**　3 個のベクトル $\vec{a},\ \vec{b},\ \vec{c}$ について

$\overrightarrow{\mathrm{OA}},\ \overrightarrow{\mathrm{OB}},\ \overrightarrow{\mathrm{OC}}$ は同一平面上にない ➡ p.43

ただし　$\vec{a} = \overrightarrow{\mathrm{OA}},\ \vec{b} = \overrightarrow{\mathrm{OB}},\ \vec{c} = \overrightarrow{\mathrm{OC}}$

$l\vec{a} + m\vec{b} + n\vec{c} = \vec{0} \iff l = 0,\ m = 0,\ n = 0$ ➡ p.45

行列と行列式

● いろいろな行列

転置行列 ${}^tA$　　${}^t({}^tA) = A,\quad {}^t(AB) = {}^tB\,{}^tA$　➡ p.63

対称行列　　${}^tA = A$ を満たす正方行列　➡ p.64

交代行列　　${}^tA = -A$ を満たす正方行列　➡ p.64

● 正則な行列

n 次正方行列 A は正則 $\iff$ 逆行列 A^{-1} が存在　➡ p.65

$$AA^{-1} = A^{-1}A = E$$

$\iff AX = E$ となる X が存在　➡ p.76

$\iff \mathrm{rank}\ A = n$　(階数)　➡ p.81

$\iff |A| \neq 0$　(行列式)　➡ p.99,107

$\iff A\vec{x} = \vec{0}$ は $\vec{0}$ 以外の解をもたない　➡ p.111

$\iff A$ の列ベクトルは線形独立　➡ p.113

$A,\ B$ が正則のとき　$(AB)^{-1} = B^{-1}A^{-1}$　➡ p.68

余因子行列 $\widetilde{A} = \left((-1)^{i+j}D_{ji}\right)$ について　$A^{-1} = \dfrac{1}{|A|}\widetilde{A}$　➡ p.107

$$A = \begin{pmatrix} a & b \\ c & d \end{pmatrix} \text{ のとき }\quad A^{-1} = \frac{1}{|A|}\begin{pmatrix} d & -b \\ -c & a \end{pmatrix}$$ ➡ p.67

● 行列式の性質

1 つの行 (列) のすべての成分に共通な因数をくくり出せる　➡ p.92,96

2 つの行 (列) を交換すると符号が変わる　➡ p.92,96

1 つの行 (列) を定数倍して他の行 (列) に加えても不変　➡ p.93,96

$|{}^tA| = |A|,\quad |AB| = |A|\,|B|$　➡ p.95,99

● クラメルの公式　➡ p.109

$|A| \neq 0$ のとき，連立 1 次方程式 $A\vec{x} = \vec{b}$ の解は

$$x_j = \frac{\Delta_j}{|A|}\quad (j = 1,\ 2,\ \cdots,\ n)$$ ➡ p.110

● 平行六面体の体積　➡ p.117

$$D = \begin{vmatrix} a_1 & b_1 & c_1 \\ a_2 & b_2 & c_2 \\ a_3 & b_3 & c_3 \end{vmatrix}$$ とおくとき，体積は D の絶対値

ただし，$\vec{a},\ \vec{b},\ \vec{c}$ は平行六面体の 3 隣辺から定まる列ベクトル

行列の応用

● 線形変換

f は線形変換 $\iff$ 行列 A により $f(\boldsymbol{p}) = A\boldsymbol{p}$ と表される ➡ p.123

$\iff f(k\boldsymbol{p} + l\boldsymbol{q}) = kf(\boldsymbol{p}) + lf(\boldsymbol{q})$ ➡ p.128

平面上で原点のまわりの θ 回転を表す行列は $\begin{pmatrix} \cos\theta & -\sin\theta \\ \sin\theta & \cos\theta \end{pmatrix}$ ➡ p.133

● 直交行列と直交変換

直交行列　${}^tAA = E$ を満たす正方行列 ➡ p.134

直交変換　直交行列で表される線形変換 ➡ p.135

$$f(\boldsymbol{p}) \cdot f(\boldsymbol{q}) = \boldsymbol{p} \cdot \boldsymbol{q}, \quad |f(\boldsymbol{p})| = |\boldsymbol{p}|$$

● 固有値と固有ベクトル

$A\boldsymbol{x} = \lambda\boldsymbol{x}$ すなわち $(A - \lambda E)\boldsymbol{x} = \boldsymbol{0} \quad (\boldsymbol{x} \fallingdotseq \boldsymbol{0})$ ➡ p.139

λ を固有値，$\boldsymbol{x}$ を固有ベクトルという

固有方程式　$|A - \lambda E| = 0$ ➡ p.139

● 行列の対角化

正則行列 P をとり $P^{-1}AP$ を対角行列にする

$\Longrightarrow$ A の固有値と固有ベクトルを求めて対角化する ➡ p.145

A の次数を n とするとき，次の場合は対角化可能

(i)　n 個の異なる固有値をもつ ➡ p.146

(ii)　線形独立な n 個の固有ベクトルをもつ ➡ p.147

(ii) は対角化可能のための必要十分条件

● 対称行列の対角化

任意の対称行列 A は，直交行列 T によって対角化可能 ➡ p.151

${}^tTAT = D$（対角行列）

● 2 次形式

➡ p.153

$F = ax^2 + bxy + cy^2 = {}^t\boldsymbol{x}A\boldsymbol{x}$

$$A = \begin{pmatrix} a & \frac{b}{2} \\ \frac{b}{2} & c \end{pmatrix} \quad (A \text{ は対称行列})$$

${}^tTAT = \begin{pmatrix} \alpha & 0 \\ 0 & \beta \end{pmatrix}$ と対角化するとき

$$ax^2 + bxy + cy^2 = \alpha x'^2 + \beta y'^2 \quad \text{ただし} \begin{pmatrix} x \\ y \end{pmatrix} = T\begin{pmatrix} x' \\ y' \end{pmatrix}$$

（標準形）

▶ 本書の WEB Contents を弊社サイトに掲載しております．ご活用下さい．
https://www.dainippon-tosho.co.jp/college_math/web_linear.html

●監修

高遠 節夫 元東邦大学教授

●執筆

栗原 大武 山口大学大学院准教授
篠原 知子 都立産業技術高等専門学校 品川キャンパス教授
西浦 孝治 福島工業高等専門学校教授
西垣 誠一 沼津工業高等専門学校名誉教授
野澤 武司 長岡工業高等専門学校教授
前田 善文 長野工業高等専門学校名誉教授

●校閲

秋山 聡 和歌山工業高等専門学校教授
井川 治 京都工芸繊維大学大学院教授
石原 秀樹 熊本高等専門学校 熊本キャンパス教授
河原 治 富山高等専門学校 本郷キャンパス准教授
小塚 和人 都城工業高等専門学校名誉教授
徳能 康 元仙台高等専門学校 名取キャンパス教授
野々村 和晃 鶴岡工業高等専門学校准教授
樋口 勇夫 大分工業高等専門学校教授
三浦 敬 宇部工業高等専門学校教授
米田 郁生 徳山工業高等専門学校准教授

表紙・カバー | 田中 晋，矢崎 博昭

本文設計 | 矢崎 博昭

新線形代数 改訂版

2021.11.1 改訂版第1刷発行
2023.12.1 改訂版第3刷発行

●著作者 高遠 節夫 ほか
●発行者 大日本図書株式会社 (代表)中村 潤
●印刷者 錦明印刷株式会社
●発行所 大日本図書株式会社 〒112-0012 東京都文京区大塚3-11-6
tel.03-5940-8673(編集)，8676(供給)

中部支社 名古屋市千種区内山1-14-19 高島ビル tel.052-733-6662
関西支社 大阪市北区東天満2-9-4 千代田ビル東館6階 tel.06-6354-7315
九州支社 福岡市中央区赤坂1-15-33 ダイアビル福岡赤坂7階 tel.092-688-9595

ISBN978-4-477-03341-9